BEI GRIN MACHT SICH IHR WISSEN BEZAHLT

- Wir veröffentlichen Ihre Hausarbeit, Bachelor- und Masterarbeit

- Ihr eigenes eBook und Buch - weltweit in allen wichtigen Shops

- Verdienen Sie an jedem Verkauf

Jetzt bei www.GRIN.com hochladen und kostenlos publizieren

Herleitung und Lösung der eindimensionalen Wärmeleitungsgleichung. Verständlich erklärt

GRIN

Bibliografische Information der Deutschen Nationalbibliothek:

Die Deutsche Nationalbibliothek verzeichnet diese Publikation in der Deutschen Nationalbibliografie; detaillierte bibliografische Daten sind im Internet über http://dnb.d-nb.de abrufbar.

ISBN: 9783346737533
Dieses Buch ist auch als E-Book erhältlich.

© GRIN Publishing GmbH
Nymphenburger Straße 86
80636 München

Druck und Bindung: Books on Demand GmbH, Norderstedt Germany
Gedruckt auf säurefreiem Papier aus verantwortungsvollen Quellen

Das vorliegende Werk wurde sorgfältig erarbeitet. Dennoch übernehmen Autoren und Verlag für die Richtigkeit von Angaben, Hinweisen, Links und Ratschlägen sowie eventuelle Druckfehler keine Haftung.

Das Buch bei GRIN: https://www.grin.com/document/1280247

Herleitung und Lösung der 1D-Wärmeleitungsgleichung

Maturitätsarbeit
RG Rämibühl
2022

Inhaltsverzeichnis

Vorwort

Ob bei bewegten Objekten, technischen Geräten, dem Wetter und unzähligen weiteren Prozessen in der Natur und unserer technisierten Welt: Überall begleiten uns Differentialgleichungen. Ohne sie wäre unser heutiges Leben mit all seinen Bequemlichkeiten undenkbar. Im Grunde genommen beschreiben sie jegliche Prozesse in unserer Welt und finden deshalb Anwendungen in Physik, Chemie, Industrie, Medizin, Wirtschaft, Biologie und weiteren Bereichen, was sie für die heutige Wissenschaft unerlässlich macht.

Dies ist ein Grund, weshalb Differentialgleichungen eine so grosse Faszination auf mich ausüben. Auch fasziniert mich deren Vielfalt und Komplexität, denn es gibt unzählige verschiedene Methoden, sie analytisch zu lösen, vorausgesetzt, sie gehören zu den wenigen, die wir überhaupt analytisch lösen können.

Diese Faszination hat mich dazu veranlasst, mich in meiner Maturitätsarbeit mit einer spezifischen, der "Wärmeleitungsgleichung", auseinanderzusetzen. Als ich im Internet nach einer Herleitung und Lösung der Wärmeleitungslgeichung suchte, stiess ich auf unzählige Websites und Mathematik-Arbeiten, die dies erklären, doch es wurde stets viel Vorwissen und Verständnis vorausgesetzt. Daher machte ich es mir zur Aufgabe, dies so zu erklären, dass es ein Gymnasiast oder eine Gymnasiastin verstehen kann, der oder die sich für Mathematik interessiert, einigermassen versiert darin ist und vorzugsweise mit dem Thema der komplexen Zahlen, das im regulären Mathematikunterricht nicht behandelt wird, vertraut ist.

Letztendlich soll diese Arbeit nicht nur verständlich erklären, wie man die Wärmeleitungsgleichung herleitet und löst, sondern der Leser oder die Leserin soll auch etwas über Differentialgleichungen allgemein lernen. Damit soll diese Arbeit als Einführung in dieses faszinierende Gebiet der Mathematik dienen.

Mein Dank geht an meinen Betreuer, Herrn Bankovic, der sich immer Zeit nahm, um die Kapitel, die ich ihm abgab, sehr gründlich und genau durchzulesen und mir detailliertes Feedback zu geben, sodass ich Unstimmigkeiten beseitigen konnte und wusste, wie ich in meiner Maturitätsarbeit fortfahren konnte. Auch machte er mir zu Beginn bei der Suche nach einem Thema interessante Vorschläge, die ich in Ruhe erwägen konnte.

Abstract

Gegenstand dieser Arbeit ist die sogenannte "Wärmeleitungsgleichung", einer der bekanntesten Differentialgleichungen. Dies sind Gleichungen, die uns etwas über die Änderung einer Funktion sagt. Funktionen zu finden, die solche Gleichungen erfüllen, ist jedoch meistens viel schwieriger, als beispielsweise eine quadratische Gleichung zu lösen, und viele von ihnen sind nicht einmal exakt lösbar. Diesen Gleichungen kann man auch noch gewisse Bedingungen für die Lösungen hinzufügen, wenn nur bestimmte Lösungen von Interesse sind.

In dieser Arbeit soll die Herleitung und Lösung der Wärmeleitungsgleichung mit gewählten Bedingungen so erklärt werden, dass auch Gymnasiastinnen und Gymnasiasten sie verstehen können, und vorher noch das dazu erforderte Vorwissen vermittelt werden.
Hierzu werden die Herleitung und Lösung, die in Internetquellen zu finden sind, präsentiert und auf verständliche Weise erklärt, indem mehr Umformungsschritte und entscheidende Ideen erläutert werden.

Die Wärmeleitungsgleichung und die gewählten Bedingungen können mithilfe dreier physikalischer Gesetzmässigkeiten und mathematischer Umformungen hergeleitet werden. Die Lösung derer mit Berücksichtigung der Bedingungen erfordert einige Schritte, wobei verschiedene Methoden verwendet werden. Die Herleitung und Lösung zu verstehen, erfordert ausserdem Kenntnisse im Bereich der Funktionen von zwei Variablen, partiellen Ableitungen und Differentialgleichungen allgemein.

1. Die eindimensionale Wärmeleitungsgleichung

Ich möchte meine Arbeit damit beginnen, dem Leser oder der Leserin zu schildern, was die eindimensionale Wärmeleitungsgleichung ist, sowohl in einem mathematischen als auch physikalischen Kontext, und welche Bedeutung ihr zukommt.Im Folgenden werde ich der Einfachheit halber bis auf wenige Ausnahmen nur noch den Begriff "Wärmeleitungsgleichung" verwenden.

Im Grunde genommen ist die eindimensionale Wärmeleitungsgleichung eine partielle Differentialgleichung, die die Wärmeleitung, das heisst die Übertragung von Wärmeenergie, in gewissen Festkörpern beschreibt [2][28][30][35]. Sie wurde 1822 vom französischen Mathematiker und Physiker Joseph Fourier hergeleitet und gelöst. Sie findet Anwendung in diversen Bereichen der Physik und anderen Wissenschaften, hat aber auch überraschenderweise in entfernteren Feldern der Mathematik wie der Geometrie und der Wahrscheinlichkeitstheorie zu Erkenntnissen geführt. Ausserdem gehört sie zu den berühmtesten partiellen Differentialgleichungen und wird oft als Beispiel verwendet. Wie allgemein bekannt ist, fliesst Wärmeenergie von Orten höherer Temperatur zu Orten niedrigerer Temperatur. Sind in einem Festkörper Unterschiede in den Temperaturen an verschiedenen Punkten vorhanden, so wird Wärme fliessen, um die Unterschiede aufzuheben. Dass Wärme fliesst, ist dann offensichtlich, jedoch nicht, wie sich dadurch die absolute Temperatur an verschiedenen Stellen genau verändert. Dieses Problem lässt sich jedochmithilfe der Wärmeleitungsgleichung lösen. Bevor geschildert wird, wie dies geschieht, sollen allerdings die Anforderungen, die an den erwähnten Festkörper gestellt werden, aufgeführt werden:

1: Er soll isotrop sein, das heisst, er soll überall die gleichen physikalischen und chemischen Eigenschaften aufweisen und daher vorzugsweise aus einem einzigen Material bestehen.

2: Er soll ein sehr dünner (mit beispielsweise weniger als 1cm Durchmesser), zylindrischer Stab sein. 3: Es sollen im Festkörper keine chemischen Reaktionen oder physikalische Prozesse ablaufen, die zusätzliche Wärme erzeugen (genau genommen: Energie von anderen Formen in Wärme umwandeln).

Ein Ziel der Anwendung der Wärmeleitungslgeichung ist es, sie zu lösen und als Lösung eine mathematische Funktion zu finden, die uns unter gegebenen physikalischen Bedingungen die absolute Temperatur jedes Querschnitts eines sehr dünnen, zylindrischen Stabes aus einem bestimmten Material zu jedem Zeitpunkt liefert, das heisst, ihr Wert entspricht dieser Temperatur. Diese Funktion wird oft als $u(x,t)$ notiert und ihr Wert hängt von der räumlichen Variablen x und der zeitlichen Variablen t ab. (Das Formelzeichen für die absolute Temperatur ist T und wäre daher passender als u, doch wir werden T für etwas Anderes gebrauchen, weswegen mit u eine Verwechslung ausgeschlossen werden kann.)

Wieso aber hängt sie nicht von drei räumlichen Variablen ab, wo doch ein Stab dreidimensional ist? Die Überlegung dahinter ist, dass der Stab laut den Anforderungen ein sehr dünner sein soll, so dünn, dass der Wärmestrom zwischen Punkten, die auf demselben Querschnitt des Stabes liegen, vernachlässigbar sind, da allfällige Temperaturunterschiede aufgrund der kleinen Abstände der Punkte sehr schnell wieder ausgeglichen würden und die Punkte meistens, wenn von aussen Wärme zugeführt oder entzogen wird, sich gleichmässig erhitzen oder abkühlen und es folglich praktisch keine Temperaturunterschiede gibt. Daher ist es praktisch, wenn man nur die Temperaturen ganzer Querschnitte ermittelt und, da diese auf einer Linie liegen, kann man deren Position mit einer Zahl auf einer räumlichen Achse beschreiben. Die eindimensionale Wärmeleitungsgleichung heisst demnach so, da die Position der Querschnitte auf einer Achse angegeben werden kann und diese Achse einer räumlichen Dimension entspricht. Allerdings hängt $u(x,t)$ auch von der Zeit ab, denn, wie erwähnt, können sich die Temperaturen der Querschnitte mit der Zeit ändern.

Die Wärmeleitungsgleichung zu lösen, bedeutet, Funktionen zu finden, die diese erfüllen. Dabei wird man jedoch unendlich viele Funktionen finden. Man kann weitere physikalische Bedingungen aufstellen, wie zum Beispiel, dass der Stab isoliert sei, die dazugehörigen mathematischen Bedingungen für die Lösungsfunktionen daraus ableiten und diejenigen Lösungsfunktionen auswählen, die diese mathematischen Bedingungen erfüllen. In dieser Arbeit werde ich erklären, wie man eine Lösungsfunktion findet, die die Wärmeleitung unter folgenden physikalischen Bedingungen beschreibt: Der Stab ist überall isoliert und am Anfang, wenn noch keine Zeit vergangen und Wärme geflossen ist, soll der Stab eine gegebene Temperaturverteilung aufweisen.

Dass der Stab isoliert ist, bedeutet, dass weder Wärmeenergie in noch aus dem Stab fliesst. Und dass er eine gegebene anfängliche Temperaturverteilung aufweist, bedeutet, dass zum Zeitpunkt $t = 0$ (0 Sekunden) die Temperatur jedes Querschnitts des Stabes durch eine Funktion von x gegeben ist.

Ein solcher Stab und die Darstellung von $u(x,t)$ könnte folgendermassen aussehen:

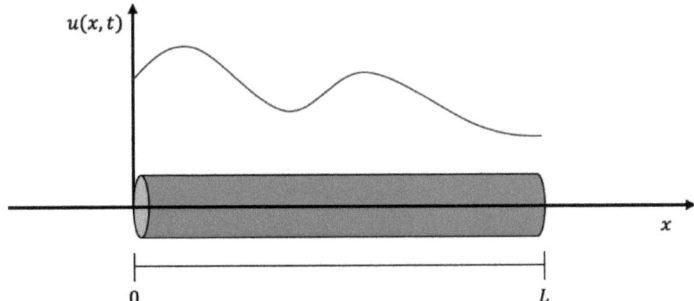

Diese Abbildung habe ich eigenhändig zum Zwecke der Veranschaulichung kreiert, wobei zu erwähnen ist, dass der Stab einen relativ hohen Durchmesser hat, damit man er besser erkennbar ist. Hier ist die blaue Linie die Temperatuverteilung des Stabes zu einem beliebigen Zeitpunkt. $u(x,t)$ kann auch in einem

Koordinatensystem mit einer x-, t- und $u(x,t)$-Achse dargestellt werden, doch hier ist es praktischer, diese Darstellung zu wählen, denn es zeigt besser, was $u(x,t)$ beschreibt, und in der Realität sieht man nur die Temperaturverteilung eines solchen Stabes, die sich mit der Zeit ändert, und keine Zeitachse.

Die eindimensionale Wärmeleitungsgleichung lautet folgendermassen:

$$\frac{\partial u}{\partial t} = \alpha \frac{\partial^2 u}{\partial x^2}$$

Auf der linken Seite steht die erste partielle Ableitung von $u(x,t)$ nach t und auf der rechten das Produkt aus einer Konstanten α und der zweiten partiellen Ableitung von $u(x,t)$ nach x. Das α ist hierbei die Temperaturleitfähigkeit und steht für folgenden Ausdruck:

$$\alpha = \frac{\lambda}{c\rho}$$

Dabei ist λ die Wärmeleitfähigkeit des Materials, ein Mass dafür, wie gut Wärme innerhalb eines Materials übertragen wird. c ist die Wärmespeicherkapazität, ein Mass dafür, wie viel Wärmeenergie einem Kilogramm eines Materials zugeführt werden muss, um es um $1K$ zu erwärmen, das heisst, wie viel Wärme es pro Kilogramm und Kelvin Erwärmung speichern kann. Und ρ ist die Dichte des Materials, das Verhältnis von Gewicht zu Volumen.

Ich habe vorher erwähnt, dass man weitere physikalische Bedingungen aufstellen und zur Wärmeleitungsgleichung hinzufügen kann. Die mathematische Bedingung, die die physikalische Bedingung der anfänglichen Temperaturverteilung repräsentiert, lautet folgendermassen [37]:

Anfangsbedingung: $u(x,0) = f_0(x)$, $\quad 0 \leq x \leq L$

Die zur physikalischen Bedingung des isolierten Stabes gehörenden mathematischen Bedingungen, lauten folgendermassen [10]:

Randbedingungen: $\frac{\partial u}{\partial x}(0,t) = \frac{\partial u}{\partial x}(L,t) = 0$, $\quad t > 0$

Die Wärmeleitungsgleichung und die gewählten Anfangs- und Randbedingungen stellen zusammen ein Anfangs- und auch Randwertproblem dar, was in Kapitel 2 weiter erläutert werden wird.

Es gibt diverse Arten der Notation für diese Gleichung und man stösst bei verschiedenen Quellen auf ganz verschiedene Schreibweisen. Ich habe mich für diese entschieden, da sie ziemlich verständlich ist. Es ist durch die Notation mit dem Bruchstrich und dem dem Symbol ∂, welches "Del" genannt wird, klar, dass es sich um partielle Ableitungen handelt, während man bei Varianten wie $u_t(x,t)$ nicht sofort erkennt, dass damit die erste partielle Ableitung von $u(x,t)$ nach t gemeint ist, da diese Variante weniger an die Definition der partiellen Ableitung erinnert. Die Klammer mit den zwei Variablen darin habe ich weggelassen, da klar ersichtlich ist, dass mit u eigentlich $u(x,t)$ gemeint ist, denn es wurde bereits erklärt, worum es sich bei $u(x,t)$ handelt. Dies ist auch üblich und die Gleichung sieht so eleganter und übersichtlicher aus. Ausserdem könnte man noch auf beiden Seiten der Gleichung den Ausdruck, der auf der rechten Seite steht, subtrahieren, was einer allgemeinen Notation für Differentialgleichungen entspräche. Doch ich halte dies in diesem Fall für unnötig, da es nur zwei separate Terme gibt und deren Gleichheit besser und schöner erkennbar ist, wenn sie vonainander getrennt auf beiden Seiten der Gleichung stehen.

2. Funktionen von zwei Variablen, partielle Ableitungen und Differentialgleichungen

In diesem Kapitel vermittle ich das Vorwissen, das erforderlich ist, um die Herleitung und Lösung der Wärmeleitungsgleichung mit den gewählten Anfangs- und Randbedingungen und die Glei-chung an sich zu verstehen. Dazu gehören Funktionen von zwei Variablen, partielle Ableitungen und Differentialgle-ichungen, welches Themen sind, die im regulären Mathematikunterricht im Gymnasium nicht behandelt werden. Diese drei Konzepte werde ich in drei separaten Unterkapiteln erklären.

2.1 Funktionen von zwei Variablen

In dieser Arbeit werden nur reelle Funktionen von zwei Variablen von Interesse sein. Die Definition einer solche Funktion lautet wie folgt:

Definition 1: *Eine reelle Funktion von zwei Variablen ist eine Vorschrift, die jedem geordneten reellen Zahlenpaar einer Definitionsmenge D eine reelle Zahl aus einer Wertemenge W zuordnet* [18][19]. *Mathematisch formuliert bedeutet dies:*

$$f: \ D \in \mathbb{R}^2 \to W \in \mathbb{R} \ , \quad (x,y) \mapsto f(x,y)$$

In dieser Arbeit werden jedoch nur reelle Funktionen von zwei Variablen wichtig sein, bei denen $D = \mathbb{R}^2$ und $W = \mathbb{R}$ ist. Diese Definition in ihrer genauen mathematischen Bedeutung zu verstehen, ist in diesem Kontext irrelevant. Wichtig ist, dass eine solche Funktion zwei reellen Zahlen, die man in diese einsetzt, eine weitere reelle Zahl zuordnet und sich nur insofern von einer reellen Funktion einer Variablen unterscheidet, als dass ihr Wert von zwei statt nur einer Variablen abhängt. Mit "Vorschrift" ist die Gleichung gemeint, die diese Zuordnung definiert. Das Zahlenpaar (x,y) ist geordnet, da natürlich beispielsweise $f(1,2)$ einen anderen Wert haben kann als $f(2,1)$, das heisst, die Reihenfolge bzw. Ordnung der Argumente spielt eine Rolle. Ein Beispiel für eine reelle Funktion von zwei Variablen ist die folgende:

$$f(x,y) = x^2 + y$$

Zu verstehen, was eine reelle Funktion von zwei Variablen ist, ist sehr einfach, etwas weniger intuitiv ist jedoch deren geometrische Darstellung. Es gibt verschiedene Wege, reelle Funktionen von zwei Variablen darzustellen. Dies kann man zum Beispiel mit Pfeilen oder Farben in einem zweidimensionalen Koordinatensystem umsetzen oder mit einem gewöhnlichen Graphen in einem dreidimensionalen (euklidischen)

Koordinatensystem, was in vielen Kontexten üblich ist. Dabei benutzt man zwei Achsen als x- bzw. y-Achse und die dritte als z-Achse, die den Wert von $f(x,y)$ angibt. Diese Darstellung unterscheidet sich nur insofern von der üblichen Darstellung von reellen Funktionen von einer Variablen, als dass eine Achse hinzukommt und der Graph nicht mehr eine Linie, sondern eine Fläche ist, die je nach Verlauf von $f(x,y)$ mehr oder weniger stark gekrümmt ist.

Nach der Definition ist $f(a,b)$ der Wert der Funktion im Punkt (a,b), wobei a und b beliebige reelle Zahlen sind. Dabei ist (a,b) sowohl als Zahlenpaar, das in die Vorschrift eingesetzt wird, als auch als x- und y-Koordinaten eines Punktes des Graphen zu verstehen.

Ein gutes Beispiel für den Graphen einer Funktion zweier Variablen ist der der Funktion $f(x,y) = -x^2 - y^2$. Er sieht folgendermassen aus:

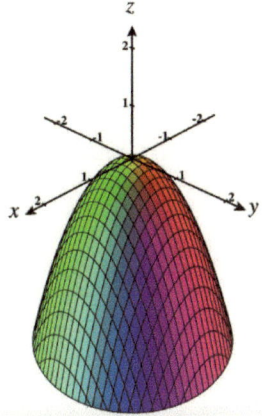

Diese Abbildung habe ich eigenhändig zum Zwecke der Veranschaulichung kreiert. Es ist wichtig zu erwähnen, dass die Farben und schwarzen Striche lediglich helfen sollten, sich den Graphen als Fläche im Raum vorzustellen, und von keiner mathematischen Bedeutung sind. Klar erkennbar ist die Krümmung in Richtung der x- und y-Achse. Macht man entlang der x-Achse einen Schnitt durch den Graphen, so erhält man eine Linie, die den Graphen der Funktion $g(x) = -x^2$ bildet, und tut man dies entlang der y-Achse, so erhält man den Graphen der Funktion $h(y) = -y^2$ (Ich habe $g(x)$ und $h(y)$ verwendet, da so eine Verwechslung mit $f(x,y)$ ausgeschlossen werden kann.).
Ein weiteres Beispiel für eine Funktion von zwei Variablen wäre die Funktion $f(x,y) = x + 2y$. Deren Graph ist eine geneigte Ebene, die in positive y-Richtung doppelt so stark nach oben geneigt ist wie in positive x-Richtung.

2.2 Partielle Ableitungen

Partielle Ableitungen sind integraler Bestandteil der behandelten Mathematik in dieser Arbeit und einfach zu verstehen, werden jedoch an Gymnasien nicht unterrichtet, weshalb es unerlässlich war, ihnen ein Unterkapitel zu widmen. In dieser Arbeit interessieren uns jedoch nur partielle Ableitungen von reellen Funktionen von zwei Variablen.

Definition 2: Die partielle Ableitung einer reellen Funktion $f(x,y)$ nach x ist folgender Grenzwert, falls dieser existiert [6][12][31]:

$$\frac{\partial f}{\partial x}(x,y) = \lim_{h \to 0} \frac{f(x+h,y) - f(x,y)}{h}$$

Wenn man sich daran erinnert, dass die gewöhnliche Ableitung einer Funktion einer Variablen folgendermassen definiert ist

$$\frac{df}{dx}(x) = \lim_{h \to 0} \frac{f(x+h) - f(x)}{h}$$

so merkt man, dass sich partielle Ableitungen nicht stark davon unterscheiden.

Die partielle Ableitung von $f(x,y)$ nach x ist somit die momentane Änderungsrate der Funktion in x-Richtung, man betrachtet also die Änderung des Wertes von $f(x,y)$, verursacht nur durch die Änderung des x-Wertes und nicht auch des y-Wertes. Visuell ist die partielle Ableitung von $f(x,y)$ nach x als Steigung der Tangenten, die parallel zur x-Achse angelegt wurde, zu verstehen. Leitet man partiell nach y ab, lautet die Defintion beinahe gleich, nur steht $f(x,y+h)$ anstelle von $f(x+h,y)$.

Um eine weniger abstrakte Vorstellung davon zu bekommen, erkläre ich, wie man eine partielle Ableitung berechnet: Um die partielle Ableitung nach x einer Funktion von den Variablen x und y zu berechnen, betrachte man y als Konstante und leite gemäss den Ableitungsregeln nach x ab.

Beispiel: $f(x,y) = x^2 y + y^2$

$$\frac{\partial f}{\partial x}(x,y) = \frac{\partial}{\partial x}(x^2 y + y^2) = \frac{\partial}{\partial x}(2xy) + \frac{\partial}{\partial x}(y^2) = 2xy + 0 = 2xy$$

Des Weiteren kann man auch die partielle Ableitung einer Funktion von zwei Variablen für spezifische x- und t-Werte berechnen. Legt man sowohl den x- als auch den y-Wert fest, so erhält man die partielle Ableitung an einem spezifischem Punkt, das heisst eine spezifische Zahl, legt man jedoch nur einen der beiden Werte fest, so erhält man wieder eine Funktion und keine spezifische Zahl. Diese drei Möglichkeiten können folgendermassen notiert werden, wobei Dasselbe auch für y gilt:

$$\frac{\partial f}{\partial x}(x_0, y_0)\,, \quad \frac{\partial f}{\partial x}(x_0, y)\,, \quad \frac{\partial f}{\partial x}(x, y_0)$$

Will man eine Funktion von zwei Variablen partiell ableiten, die nicht benannt wurde und von der nur die Funktionsvorschrift gegeben ist, so kann dies folgendermassen notiert werden, wobei Dasselbe auch für y gilt:

$$\frac{\partial}{\partial x}(x \cdot 2^y + 7)$$

Natürlich gilt all dies auch, wenn die Variablen andere Namen tragen, wie es beispielsweise bei $u(x,t)$ der Fall ist. Überdies lassen sich auch Funktionen von drei, vier und mehr Variablen partiell ableiten. Auch dann gilt, dass man partiell nach einer Variablen ableitet, indem man alle anderen als Konstanten betrachtet und auf die gewöhnliche Weise nach dieser ableitet.

2.3 Differentialgleichungen

In diesem Unterkapitel behandle ich Differentialgleichungen, welche den zentralen Teil des zu vermittelnden Wissens in dieser Arbeit ausmachen. Sie sind ein wichtiges Gebiet der Mathematik und können auch trotz einfachem Anschein sehr schwierig zu verstehen sein. Wichtig zu erwähnen, ist, dass viele Diferentialgleichungen nicht analytisch, sondern nur numerisch lösbar sind. Dies bedeutet, dass man deren Lösung nicht exakt herleiten kann, sondern annähern muss.

Differentialgleichungen lassen sich in zwei wichtige, umfassende Kategorien aufteilen: gewöhnliche und partielle Differentialgleichungen [9][11][21][28][32].

(Im Folgenden werde ich bis auf wenige Ausnahmen "DG" als Abkürzung für "Differentialgleichung", "GDG" als Abkürzung für "gewöhnliche Differentialgleichung" und "PDG" als Abürzung für "partielle Differentialgleichung" verwenden.)

Definition 3: Eine gewöhnliche Differentialgleichung ist eine Gleichung, die eine oder mehrere Ableitungen beliebiger Ordnung einer gesuchten Funktion von einer Variablen und möglicherweise die Funktion selbst und die Variable, von der sie abhängt, enthält.

Beispiele:

$$\frac{dy}{dx} - 4x^2 + 3 = 0 \ , \qquad \frac{d^2y}{dx^2} + e^y = 0 \qquad (y = f(x))$$

Es ist zu beachten, dass bei DGen je nach Informationsquelle die gesuchte Funktion mit y oder $f(x)$ oder wiederum anders bezeichnet wird und verschiedene Notationen für Ableitungen verwendet werden. Zwei geläufige Varianten sind $\frac{dy}{dx}$ und y'. Die erste DG der beiden Beispiele enthält eine Ableitung erster Ordnung der gesuchten Funktion und die Variable, von der sie abhängt, während die zweite eine Ableitung zweiter Ordnung der gesuchten Funktion und die Funktion selbst enthält.

12

Definition 4: Eine partielle Differentialgleichung ist eine Gleichung, die eine oder mehrere partielle Ableitungen beliebiger Ordnung einer gesuchten Funktion von mehreren Variablen und möglicherweise die Funktion selbst und Variablen, von der sie abhängt, enthält.

Beispiele:

$$\frac{\partial z}{\partial x} + 3y - xy = 0 \quad (z = f(x,y)) \,, \qquad \frac{\partial^4 w}{\partial x^4} - 5\frac{\partial w}{\partial z} + \sin(x) + yz^2 = 0 \quad (w = f(x,y,z))$$

Hier ist zu erwähnen, dass man je nach Informationsquelle auf verschiedene Notationen für die partiellen Ableitungen stösst. Die zwei geläufigsten Varianten sind diejenige mit dem Symbol ∂, wie in $\frac{\partial z}{\partial x}$, und die der Tiefstellung derjenigen Variablen, nach der man partiell ableitet, wie in $f_x(x,y)$.

Genauso wie man beispielsweise eine quadratische Gleichung nach einer unbekannten Zahl x auflöst, sucht man bei einer DG nach Funktionen, die diese erfüllen. Diese werden **"Lösungsfunktionen"** genannt und die meisten analytisch lösbaren DGen besitzen unendlich viele.

Eine spezifische Lösungsfunktion einer DG nennt man "**spezielle Lösung**" oder "partikuläre Lösung", während die "**allgemeine Lösung**" Konstanten mit beliebigen Werten enthält und die Gesamtheit aller speziellen Lösung darstellt, wobei man durch Einsetzen eines spezifischen Wertes in die Konstanten eine spezielle Lösung erhält. Was dies genau heisst, soll anhand der oben als erstes Beispiel aufgeführten DG und auch später noch erläutert werden.

Wir wollen nun ohne Vorwissen versuchen, diese DG zu lösen, wobei es sich um eine sehr einfache handelt. Wir beginnen damit, die Ableitung der gesuchten Funktion auf einer Seite zu isolieren:

$$\frac{dy}{dx} - 4x^2 + 3 = 0 \quad \rightarrow \quad \frac{dy}{dx} = 4x^2 - 3$$

Nun integrieren wir auf beiden Seiten nach x und erhalten:

$$\int \frac{dy}{dx}\,dx = \int 4x^2 - 3\,dx \quad \rightarrow \quad y + c = \frac{4}{3}x^3 - 3x + k \quad \rightarrow \quad y = \frac{4}{3}x^3 - 3x + (k - c)$$

$$\rightarrow \quad y = \frac{4}{3}x^3 - 3x + C\,, \quad C \in \mathbb{R}$$

Es handelt sich bei dieser Lösung um die allgemeine Lösung dieser DG und dies lässt sich durch Einsetzen in die DG überprüfen. Man erhält eine der unendlich vielen speziellen Lösungen, indem man für C einen bestimmten reellen Wert einsetzt. In diesem Falle kann man allerdings die speziellen Lösungen nicht aufzählen, da C jeden reellen Wert annehmen kann, man könnte sie jedoch nach dem eingesetzten reellen Wert benennen:

$$y_{0.5} = \frac{4}{3}x^3 - 3x + 0.5\,, \quad y_{-2} = \frac{4}{3}x^3 - 3x - 2$$

Die erhaltene allgemeine Lösung ist somit die Gesamtheit aller speziellen Lösungen. DGen zu lösen, kann allerdings erheblich länger dauern und komplizierter sein, als es in diesem Beispiel war, was sich bei der Wärmeleitungsgleichung zeigen wird. Für die Lösung der Wärmeleitungsgleichung werden wir einige GDGen lösen müssen, weshalb ich die allgemeinen Lösungen zweier Typen von GDGen zeigen und deren Herleitung erklären werde. Davor erkläre ich allerdings noch einige wichtige Begriffe für DGen.

Definition 5: Die **Ordnung** *einer GDG gibt die Ordnung der höchsten darin vorkommenden Ableitung der gesuchten Funktion an.*

Beispiel:

$$\frac{d^3 y}{dx^3} - \frac{dy}{dx} + 7 = 0$$

Diese DG ist eine DG dritter Ordnung, da die höchste darin vorkommende Ableitung der gesuchten Funktion eine dritte Ableitung ist.

Definition 6: Eine GDG n-ter Ordnungs ist **linear**, wenn keine Potenz der gesuchten Funktion oder ihrer Ableitung höher als eine erste Potenz ist, wenn also die DG folgende Form hat:

$$y^{(n)} + a_{n-1}(x)y^{(n-1)} + ... + a_1(x)y' + a_0(x)y = f(x)$$

wobei $a_{n-1}, a_{n-2}, ..., a_1(x), a_0(x)$ Funktionen sind, die auf einem Intervall in $\mathbb{R}$ stetig sind.

Definition 7: Existieren in einer GDG keine Terme, die nicht die gesuchte Funktion oder eine ihrer Ableitungen enthält, so ist die DG **homogen**, andernfalls ist sie **inhomogen**.

Beispiel:

$$y' + 2x^2 = 0$$

Diese DG ist inhomogen, da sie den Term $2x^2$ enthält, welcher weder die gesuchte Funktion y noch eine ihrer Ableitungen enthält.

Die letzten drei dieser fünf Definitionen lassen sich auch auf PDGen übertragen, die nächste Definition gilt allerdings nur für PDGen.

Definition 8: Ein Anfangswertproblem für eine PDG besteht aus einer PDG und einer oder mehreren Anfangsbedingungen, die den Wert der Lösungsfunktionen entlang einer Kurve im Koordinatenraum festlegen [17].

In dieser Arbeit ist diese Kurve die Gerade $t = 0$ und entlang dieser Geraden ist der Wert der gesuchten Lösungsfunktion $u(x, t)$ durch eine Funktion $f_0(x)$ gegeben. Anfangsbedingungen schränkt somit meist die Anzahl Lösungsfunktionen ein, da man nach Lösungen der PDG sucht, die zusätzlich auch noch die Anfangsbedingungen.

Definition 9: *Ein Randwertproblem für eine PDG besteht aus einer PDG und einer oder mehreren Randbedingungen, die den Wert der Lösungsfunktionen auf dem Rand eines Definitionsbereichs im Koordinatenraum festlegen* [33].

In dieser Arbeit ist der Definitionsbereich das Intervall auf der x-Achse von 0 bis L zu jedem beliebigen Zeitpunkt $t \geq 0$.

Definition 10: *Das Superpositionsprinzip für DG besagt, dass wenn*

$$y_1, y_2, y_3, ..., y_n$$

spezielle Lösungen einer linearen, homogenen DG sind, beliebige Linearkombinationen derer weitere spezielle Lösungen sind [34]. *Mathematisch formuliert bedeutet dies:*

Sind

$$y_1, y_2, y_3, ..., y_n$$

Lösungen einer linearen, homogenen DG, so ist auch

$$c_1 y_1 + c_2 y_2 + c_3 y_3 + ... + c_n y_n$$

für eine spezifische Wahl von reellen Zahlen für die Konstanten eine spezielle Lösung.

Als Nebenbemerkung ist zu erwähnen, dass die Konstanten auch komplexe, nicht reelle Zahlen sein können, doch im Kontext der Wärmeleitunsgleichung interessieren uns nur reelle Funktionen, da $u(x,t)$ auch eine reelle Funktion sein soll, die mit ihrem reellen Wert eine physikalische Grösse repräsentiert.

Dieses Prinzip ist für die Theorie der DGen unerlässlich, da man damit die allgemeine Lösung linearer, homogener DG ermitteln kann. Denn wählt man für die Konstanten keine spezifischen Zahlen, so ist die Linearkombination der gefundenen speziellen Lösungen unter bestimmten Bedingungen die allgemeine Lösung der DG. Diese Bedingungen werden allerdings in dieser Arbeit nicht erklärt, da dies über deren Rahmen hinausgehen würde.

Das Superpositionsprinzip gilt auch, wenn man eine Linearkombination unendlich vieler spezieller Lösungen bildet, jedoch nur unter bestimmten Konvergenzbedingungen, wobei darauf nicht weiter eingegangen werden soll, da auch dies über den Rahmen dieser Arbeit hinausgehen würde.

Später, wenn wir unendlich viele spezielle Lösungen für die Wärmeleitungsgleichung gefunden haben, werden wir auch eine Linearkombination aus diesen bilden und müssen daher begründen, wieso wir dies laut dem Superpositionsprinzip machen dürfen. Wir dürfen dies tun, da die Wärmeleitungsgleichung eine lineare, homogene DG ist, die Linearkombination der unendlich vielen Lösungen die Konvergenzbedingungen erfüllt und unsere gewählten Randbedingungen linear sind. Es soll wie bereits gesagt nicht darauf eingegangen werden, wieso diese Konvergenzbedingungen erfüllt sind und wieso die Randbedingungen linear sein müssen.

1. Lineare gewöhnliche Differentialgleichungen erster Ordnung

Der folgende Abschnitt basiert grösstenteils auf einem Text, der unter dem Titel "Linear Differential Equations" auf der Website "tutorial.math.lamar.edu" veröffentlicht wurde. DGen dieser Kategorie haben folgende Form:

$$\frac{dy}{dx} + p(x)y = q(x)$$

wobei $p(x)$ und $q(x)$ stetige Funktionen sind [14][25].

Die allgemeine Lösung einer solchen DG lautet:

$$y = \frac{\int e^{\int p(x)\,dx} q(x)\,dx + C}{e^{\int p(x)\,dx}}$$

wobei C eine reelle Zahl ist.

Ich erkläre nun, wie man die allgemeine Lösung einer solchen DG ermittelt. Wir beginnen mit der Annahme, dass irgendeine Funktion $\mu(x)$ existiert, für die gilt:

$$\mu(x)p(x) = \frac{d\mu}{dx}$$

Bei der Funktion $\mu(x)$ handelt es sich um einen sogenannten "Integrationsfaktor", worauf nicht weiter eingegangen werden soll. Wir kümmern uns zunächst nicht darum, wie diese Funktion lautet oder ob sie überhaupt existiert und nutzen sie zur Lösung der DG. Später werden wir sie allerdings ermitteln, was jedoch relativ einfach ist. Wir multiplizieren beide Seiten der DG mit $\mu(x)$:

$$\mu(x)\frac{dy}{dx} + \mu(x)p(x)y = \mu(x)q(x)$$

Wir können nun $\mu(x)p(x)$ durch $\mu'(x)$ ersetzen:

$$\mu(x)\frac{dy}{dx} + \frac{d\mu}{dx}y = \mu(x)q(x)$$

Wenn wir uns an die Produktregel für Ableitungen erinnern, so erkennen wir, dass Folgendes gelten muss:

$$\frac{d}{dx}(\mu(x)y) = \mu(x)\frac{dy}{dx} + \frac{d\mu}{dx}y$$

Einsetzen ergibt:

$$\frac{d}{dx}(\mu(x)p(x)) = \mu(x)q(x)$$

Nun integrieren wir auf beiden Seiten nach x:

$$\int \frac{d}{dx}(\mu(x)y)\,dx = \int \mu(x)q(x)\,dx \quad \rightarrow \quad \mu(x)y + c = \int \mu(x)q(x)\,dx$$

16

$$\rightarrow \quad \mu(x)y = \int \mu(x)q(x)\,dx - c \quad \rightarrow \quad y = \frac{\int \mu(x)q(x)\,dx - c}{\mu(x)}$$

$$\rightarrow \quad y = \frac{\int \mu(x)q(x)\,dx + c}{\mu(x)}$$

Da $-c$ eine weitere Konstante ist, habe ich dieser einen eigenen Namen - der Einfachheit halber auch c - gegeben und ich werde dies auch noch bei späteren Umformungsschrtten tun. Der Integrationsfaktor $\mu(x)$ hat uns offensichtlich geholfen, indem wir mithilfe von ihm einen Ausdruck für y finden konnten, der allerdings von ihm abhängt. Folglich müssen wir nun ermitteln, welche Funktion $\mu(x)$ ist. Die Gleichung, die $\mu(x)$ erfüllen soll, lautet:

$$\mu(x)p(x) = \frac{d\mu}{dx}$$

Dividieren durch $\mu(x)$ und Umdrehen der Gleichung liefert:

$$\frac{\frac{d\mu}{dx}}{\mu(x)} = p(x)$$

Mithilfe der Kettenregel für Ableitungen erkennen wir, dass gelten muss:

$$\frac{d}{dx}(\ln(\mu(x))) = \frac{d\mu}{dx} \cdot \frac{1}{\mu(x)} = \frac{\frac{d\mu}{dx}}{\mu(x)}$$

Einsetzen in die zuvor betrachtete Gleichung liefert:

$$\frac{d}{dx}(\ln(\mu(x))) = p(x)$$

Nun integrieren wir nach x:

$$\int \frac{d}{dx}(\ln(\mu(x)))\,dx = \int p(x)\,dx \quad \rightarrow \quad \ln(\mu(x)) + c = \int p(x)\,dx \quad \rightarrow \quad \ln(\mu(x)) = \int p(x)\,dx - c$$

$$\rightarrow \quad \mu(x) = e^{\int p(x)\,dx - c} \quad \rightarrow \quad \mu(x) = e^{\int p(x)\,dx} \cdot e^{-c} \quad \rightarrow \quad \mu(x) = ke^{\int p(x)\,dx}$$

Nun setzen wir den gefundenen Ausdruck für $\mu(x)$ in den Ausdruck für y ein:

$$\rightarrow \quad y = \frac{\int ke^{\int p(x)\,dx}q(x)\,dx + c}{ke^{\int p(x)\,dx}} = \frac{\int e^{\int p(x)\,dx}q(x)\,dx + \frac{c}{k}}{e^{\int p(x)\,dx}}$$

$$\rightarrow \quad \boxed{y = \frac{\int e^{\int p(x)\,dx}q(x)\,dx + C}{e^{\int p(x)\,dx}}}$$

Wenn man nun für eine gegebene DG diese Integrale berechnet, kann man die Integrationskonstanten weglassen, da sie, wie es bereits vorher geschah, in das C "absorbiert" werden und verschwinden.

2. Lineare, homogene gewöhnliche Differentialgleichungen zweiter Ordnung mit konstanten Koeffizienten

Der folgende Abschnitt basiert grösstenteils auf einem Text, der unter dem Titel "Second Order Linear Differential Equations" auf der Website "tutorial.math.lamar.edu" veröffentlicht wurde. DGen dieser Kategorie haben folgende Form [8][20][24]:

$$a\frac{d^2y}{dx^2} + b\frac{dy}{dx} + cy = 0$$

Der Ausdruck "konstante Koeffizienten" bedeutet lediglich, dass a, b und c reelle Konstanten sind.

Ich erkläre nun, wie man eine solche DG löst, allerdings erläutere ich gewisse Elemente des Lösungsprozesses nicht, da dies über den Rahmen dieser Arbeit hinausgehen würde. Wir beginnen mit einem sogenannten Ansatz und vermuten, dass spezielle Lösungen folgender Form existieren:

$$y = e^{rx}$$

Dies deshalb, da die Differentiation dieser Funktion lediglich eine Multiplikation mit r bewirkt und sich daher die zweite und erste Ableitung von y und y selbst möglicherweise einfach zu 0 aufaddieren, da sie alle Vielfache voneinander sind. Wir setzen nun e^{rx} für y ein und schauen, ob wir r bestimmen können und unsere Vermutung somit korrekt ist:

$$a \cdot \frac{d^2}{dx^2}(e^{rx}) + b \cdot \frac{d}{dx}(e^{rx}) + c \cdot e^{rx} = 0 \quad \rightarrow \quad ar^2e^{rx} + bre^{rx} + ce^{rx} = 0$$

$$\rightarrow \quad e^{rx}(ar^2 + br + c) = 0$$

Da e^{rx} für alle reellen x-Werte positiv und somit auch ungleich 0 ist, dürfen wir durch e^{rx} dividieren und erhalten so eine quadratische Gleichung:

$$ar^2 + br + c = 0$$

Dies ist eine quadratische Gleichung mit r als Variable nennt man die und in dieser Form können wir zu deren Lösung die sogenannte Mitternachtsformel gebrauchen. r lautet dann:

$$r_{1,2} = \frac{-b \pm \sqrt{b^2 - 4ac}}{2a}$$

Nun lautet die allgemeine Lösung der DG für drei verschiedene Fälle von Lösungen für r verschieden, weshalb wir nun eine Fallunterscheidung machen.

1. Fall $b^2 - 4ac > 0$

18

In diesem Falle erhalten wir zwei reelle Lösungen für r. Folglich erhalten wir zwei spezielle Lösungen der zuvor angenommenen Form, nämlich:

$$y_1 = e^{r_1 x}, \quad y_2 = e^{r_2 x}$$

Nach dem Superpositionsprinzip können wir aus diesen beiden speziellen Lösungen eine allgemeine Lösung konstruieren:

$$\boxed{y = c_1 e^{r_1 x} + c_2 e^{r_2 x}}$$

2. Fall $b^2 - 4ac = 0$

In diesem Falle erhält man eine zweifache Lösung für r, das heisst, $r_1 = r_2$, und diese lautet:

$$r_1 = \frac{-b \pm \sqrt{b^2 - 4ac}}{2a} = \frac{-b \pm \sqrt{0}}{2a} = \frac{-b}{2a}$$

Die spezielle Lösung lautet dann:

$$y_1 = e^{\frac{-b}{2a} x}$$

Da es aber naheliegt, dass die allgemeine Lösung für alle drei Fälle ähnlich aussieht und immer aus zwei speziellen Lösungen besteht, nehmen wir an, dass eine zweiten spezielle Lösung existiert, die von folgender Form ist:

$$y_2 = v(x) e^{\frac{-b}{2a} x}$$

Diese Vermutung versuchen auf ihre Richtigkeit zu überprüfen, indem wir für y diesen Ausdruck einsetzen und versuchen, $v(x)$ zu ermitteln. Falls uns dies nicht gelingt, so müssen wir unserer Annahme verwerfen:

$$a \cdot \frac{d^2}{dx^2} \left(v(x) e^{\frac{-b}{2a} x} \right) + b \cdot \frac{d}{dx} \left(v(x) e^{\frac{-b}{2a} x} \right) + c \cdot v(x) e^{\frac{-b}{2a} x} = 0$$

Der Übersichtlichkeit halber berechnen wir die erste und zweite Ableitung von y_2 separat und setzen diese nachher ein:

$$\frac{d}{dx} \left(v(x) e^{\frac{-b}{2a} x} \right) = \frac{dv}{dx} e^{\frac{-b}{2a} x} + v(x) \frac{-b}{2a} e^{\frac{-b}{2a} x}$$

$$\frac{d^2}{dx^2} \left(v(x) e^{\frac{-b}{2a} x} \right) = \frac{d}{dx} \left(\frac{d}{dx} \left(v(x) e^{\frac{-b}{2a} x} \right) \right) = \frac{d}{dx} \left(\frac{dv}{dx} e^{\frac{-b}{2a} x} + v(x) \frac{-b}{2a} e^{\frac{-b}{2a} x} \right)$$

$$= \frac{d^2 v}{dx^2} e^{\frac{-b}{2a} x} - \frac{dv}{dx} \frac{-b}{2a} e^{\frac{-b}{2a} x} - \frac{dv}{dx} \frac{-b}{2a} e^{\frac{-b}{2a} x} + v(x) \frac{b^2}{4a^2} e^{\frac{-b}{2a} x} = \frac{d^2 v}{dx^2} e^{\frac{-b}{2a} x} - \frac{dv}{dx} \frac{-b}{a} e^{\frac{-b}{2a} x} + v(x) \frac{b^2}{4a^2} e^{\frac{-b}{2a} x}$$

Einsetzen in die DG liefert:

$$a \cdot \left(\frac{d^2 v}{dx^2} e^{\frac{-b}{2a} x} - \frac{dv}{dx} \frac{-b}{a} e^{\frac{-b}{2a} x} + v(x) \frac{b^2}{4a^2} e^{\frac{-b}{2a} x} \right) + b \cdot \left(\frac{dv}{dx} e^{\frac{-b}{2a} x} + v(x) \frac{-b}{2a} e^{\frac{-b}{2a} x} \right) + c \cdot v(x) e^{\frac{-b}{2a} x} = 0$$

$$\rightarrow \quad e^{\frac{-b}{2a}x} \cdot \left(a \cdot \left(\frac{d^2v}{dx^2} - \frac{dv}{dx}\frac{-b}{a} + v(x)\frac{b^2}{4a^2} \right) + b \cdot \left(\frac{dv}{dx} + v(x)\frac{-b}{2a} \right) + c \cdot v(x) \right) = 0$$

$$e^{\frac{-b}{2a}x} \cdot \left(a\frac{d^2v}{dx^2} + (-b+b)\frac{dv}{dx} + \left(\frac{b^2}{4a} - \frac{b^2}{2a} + c \right) v(x) \right) = 0$$

$$\rightarrow \quad e^{\frac{-b}{2a}x} \cdot \left(a\frac{d^2v}{dx^2} + (-b+b)\frac{dv}{dx} + \left(\frac{b^2}{4a} - \frac{b^2}{2a} + c \right) v(x) \right) = 0$$

$$\rightarrow \quad e^{\frac{-b}{2a}x} \cdot \left(a\frac{d^2v}{dx^2} + \left(-\frac{b^2}{4a} + c \right) v(x) \right) = 0$$

$$\rightarrow \quad e^{\frac{-b}{2a}x} \cdot \left(a\frac{d^2v}{dx^2} - \frac{1}{4a}\left(b^2 - 4ac \right) v(x) \right) = 0$$

Wir können durch $e^{\frac{-b}{2a}x}$ dividieren, da e^s für irgendeine reelle Zahl s nie 0 ist. Ausserdem ist in diesem Fall von r die Diskriminante $b^2 - 4ac$ gleich 0 und der Subtrahend in der Klammer ist folglich gleich 0 und fällt weg. Übrig bleibt:

$$a\frac{d^2v}{dx^2} = 0 \quad \rightarrow \quad \frac{d^2v}{dx^2} = 0$$

Es handelt sich hierbei um eine sehr einfache DG zweiter Ordnung, die wir durch zweifache Integration lösen können:

$$\int \frac{d^2v}{dx^2}\,dx = \int 0\,dx \quad \rightarrow \quad \frac{dv}{dx} + c = 0 + k \quad \rightarrow \quad \frac{dv}{dx} = k - c \quad \rightarrow \quad \frac{dv}{dx} = C$$

$$\rightarrow \quad \int \frac{dv}{dx}\,dx = \int C\,dx \quad \rightarrow \quad v(x) + c = Cx + k \quad \rightarrow \quad v(x) = Cx + (k - c)$$

$$\rightarrow \quad v(x) = Cx + K$$

Unserer Vermutung hat sich folglich als richtig erwiesen und wir haben sogar unendlich viele Funktionen gefunden, die $v(x)$ sein könnte. Da wir bei der Konstruktin einer allgemeinen Lösung sowieso die gefundenen speziellen Lösungen mit beliebigen Konstante mutliplizieren und aufaddieren und somit Lineakombinationen derer bilden, können wir für C und K spezifische Werte festlegen, ohne dadurch etwas an der allgemeinen Lösung zu ändern. Der Einfachheit halber wählen wir $C = 1$ und $K = 0$. Somit erhalten wir eine zweite spezielle Lösung:

$$y_2 = v(x)e^{r_1 x} = xe^{r_1 x}$$

Aus y_1 und y_2 bilden wir nun eine allgemeine Lösung:

$$y = c_1 e^{r_1 x} + c_2 x e^{r_1 x} = (c_2 x + c_1)e^{r_1 x}$$

$$\rightarrow \quad \boxed{y = (c_1 x + c_2)e^{r_1 x}}$$

Ich habe im letzten Umformungsschritt noch der Ästhetik halber die Namen der Konstanten vertauscht.

3. Fall $b^2 - 4ac < 0$

In diesem Falle ist die Diskriminante, der Ausdruck unter dem Wurzelzeichen, negativ und die Wurzel einer negativen Zahl ergibt eine komplexe, nicht reelle Zahl. Daher erhalten wir zwei komplexe, nicht reelle Lösungen für r, die folgende Form besitzen:

$$r_1 = a + bi, \quad r_2 = a - bi$$

Die erste spezielle Lösung lautet:

$$y_1 = e^{r_1 x} = e^{(a+bi)x}$$

Wir werden im Folgenden von der Euler'schen Formel Gebrauch machen. Diese lautet:

$$e^{ix} = \cos(x) + i \cdot \sin(x)$$

Mithilfe dieser können wir y_1 umformen:

$$y_1 = e^{(a+bi)x} = e^{ax} \cdot e^{bix} = e^{ax}(\cos(bx) + i \cdot \sin(bx))$$

Analog dazu lautet y_2:

$$y_2 = e^{(a-bi)x} = e^{ax}e^{-bix} = e^{ax+bix} = e^a(\cos(-bx) + i \cdot \sin(-bx))$$

Da $\cos(-x) = \cos(x)$ und $\sin(-x) = -\sin(x)$, ist y_2:

$$y_2 = e^{ax}(\cos(bx) - i \cdot \sin(bx))$$

Aus y_1 und y_2 kann nun die allgemeine Lösung konstruiert werden:

$$y = C_1 y_1 + C_2 y_2 = C_1 e^{ax}(\cos(bx) + i \cdot \sin(bx)) + C_2 e^{ax}(\cos(bx) - i \cdot \sin(bx))$$

$$= e^{ax}((C_1 + C_2)\cos(bx) + i(C_1 - C_2)\sin(bx))$$

$(C_1 + C_2)$ und $i(C_1 - C_2)$ sind weitere Konstante, weswegen wir ihnen neue Bezeichnungen geben können. Es ist wichtig zu erwähnen, dass die Konstanten nach dem Superpositionsprinzip immer auch komplexe, nicht reelle Zahlen sein können, was allerdings in Definition 10 nicht steht, da wir meistens nur reelle Konstanten brauchen. Daher kann c_2 trotz der imaginären Zahl i vor der Klammer reell sein, wenn C_1 und C_2 komplexe, nicht reelle Zahlen sind.

$$\rightarrow \quad \boxed{y = e^{ax}(c_1\cos(bx) + c_2\sin(bx))}$$

3. Herleitung der Wärmeleitungsgleichung und deren Anfangs- und Randbedingungen

3.1 Herleitung der Wärmeleitungsgleichung

In diesem Kapitel erkläre ich die mathematische und physikalische Herleitung der Wärmeleitungsgleichung und deren Anfangs- und Randbedingungen. Sie basiert auf drei physikalischen Gesetzmässigkeiten, die sich mit dem im ersten Kapitel beschriebenen Stab in Verbindung bringen lassen.

Im Kontext einer konkreten Anwendung auf einen Stab - wie es unser Vorhaben ist - muss die Wärmeleitungsgleichung nur für alle x-Werte von 0 bis L erfüllt sein, da sich der Stab von $x = 0$ bis $x = L$ erstreckt [30]. Auch muss sie nur für alle t-Werte grösser oder gleich 0 gelten, denn wir betrachten die Entwicklung der Temperaturverteilung des Stabes mit der anfänglichen Temperaturverteilung zum Zeitpunkt $t = 0$ als Ausgangszustand. Allerdings erfüllt eine Lösungsfunktion die Wärmeleitungsgleichung auch für alle x- und t-Werte, wenn sie bereits für x-Werte zwischen 0 und L und t-Werte grösser oder gleich 0 gilt. Dies deshalb, weil jede Funktion, die eine DG in einem bestimmten Bereich von x-Werten erfüllt, diese auch für alle reellen x-Werte erfüllt. Denn in der Wärmeleitungsgleichung kommen nie Ableitungen an konkreten x- und t Stellen vor, sondern Ableitungsfunktionen, also gewissermassen Ableitungen an einer beliebigen x- und t-Stelle, das heisst, eine Lösungsfunktion erfüllt die Wärmeleitungsgleichung entweder für jeden beliebigen reellen x- und t-Wert oder für keinen.

Nun präsentiere ich die drei physikalischen Gesetzmässigkeiten, die die Wärmeleitung unter den angegebenen Bedingungen beschreibt:

1. Gesamte Wärmeenergie (thermische Energie) eines Körpers

$$Q_{ges} = c \cdot m \cdot u \tag{1}$$

Diese Formel gibt an, wie man die gesamte Wärmeenergie Q_{ges} eines Körpers (dies nennt man auch seine thermische Energie) aus seiner spezifischen Wärmekapazität c (in $\frac{J}{kg \cdot K}$), seiner Masse m (in kg) und seiner absoluten Temperatur u (in K) errechnen kann [1][4]. Die gesamte Wärmeenergie Q_{ges} eines Körpers setzt sich aus den Bewegungsenergien aller seiner Atome/Moleküle zusammen.

(Ich verwende den Buchstaben u für die absolute Temperatur anstatt T, was üblicherweise dafür benützt wird, da wir T zu einem späteren Zeitpunkt für etwas Anderes verwenden werden und keine Unklarheit entstehen soll.)

2. Fourier'sches Gesetz der Wärmeleitung in einer Dimension

$$\dot{q} = -\lambda \cdot \frac{\partial u}{\partial x} \tag{2}$$

Diese Gleichung beschreibt die Wärmeleitung in einem isotropen Körper, das heisst in einem Körper, der überall die gleichen physikalischen und chemischen Eigenschaften aufweist [5][23].

In dieser Formel ist $\dot{q}$ die Wärmestromdichte, das heisst der momentane Wärmestrom pro Fläche (in $\frac{W}{m^2}$), λ die Wärmeleitfähigkeit des Materials (in $\frac{W}{m \cdot K}$) und $\frac{\partial u}{\partial x}$ das Temperaturgefälle, in unserem Falle die partielle Ableitung der Temperaturfunktion $u(x, t)$ nach x.

Der momentane Wärmestrom beschreibt die Übertragung von Wärmeenergie im Verlaufe der Zeit. Die Wärmeenergie wird dabei durch eine Querschnittsfläche des Stabes übertragen, was durch Temperaturunterschiede verursacht wird. (Wie in der Einleitung erwähnt, nehmen wir an, dass Punkte, die auf demselben Querschnitt des Stabes liegen, dieselbe Temperatur aufweisen.) Wärme fliesst bekanntlich von Orten höherer Temperatur zu Orten tieferer Temperatur, ist also eine solche Temperaturdifferenz im Stab vorhanden, so wird Wärmeenergie von einer Region zur anderen übertragen und fliesst durch Querschnitte des Stabes. Bezeichnet ΔQ die Wärmeenergie, die durch einen gegebenen Querschnitt übertragen wird, und Δt die Zeit, während der diese übertragen wird, so nennt man deren Quotienten "Wärmestrom". Berechnet man dann den Grenzwert dieses Quotienten für immer kleinere Zeitänderungen Δt, so entspricht dieser Grenzwert dem momentanen Wärmfluss. Teilt man diesen durch die Fläche des gegebenen Querschnitts - beim Stab ist diese immer A -, so erhält man die sogenannte Wärmestromdichte. Für die Wärmestromdichte $\dot{q}$ gilt also:

$$\dot{q} = \frac{\lim_{\Delta t \to 0} \frac{\Delta Q}{\Delta t}}{A}$$

Den Grenzwert oberhalb des Bruchstrichs nennen wir $\dot{Q}$, es gilt folglich:

$$\dot{q} = \frac{\dot{Q}}{A}$$

3. Energieerhaltungssatz

"In einem abgeschlossenen physikalischen System bleibt die Summe aller Energien konstant [3]."

Der Stab stellt ein abgeschlossenes physikalisches System dar, es soll jedoch nicht näher darauf eingegangen werden. Im Grunde genommen bedeutet diese lediglich, dass der Stab ein von seiner Umwelt klar ebgegrentes und abgeschlossenes physikalisches Objekt darstellt. Daher bleibt die Summe der Energien all seiner Atome konstant. Diese Summe nennt man innere Energie U. Unter der Annahme, dass keine Wärmeenergie in andere Teile der inneren Energie, wie zum Beispiel potentielle, umgewandelt wird und auch das Umgekehrte nicht geschieht, bleibt die Wärmeenergie des gesamten Stabes konstant.

Im Grunde müssen wir nun versuchen, diese drei physikalischen Gesetze mathematisch zu kombinieren, um die Wärmeleitungsgleichung herzuleiten, denn dies sind die drei grundlegenden Gesetze, die den Wärmestrom unter denjenigen Bedingunen, die wir festgelegt haben, beschreiben, und die Gleichung muss von echten physikalischen Gesetzen, die die Realität beschreiben, abhängen, damit sie auch in der Realität angewendet werden kann.

Der folgende Abschnitt basiert grösstenteils auf einem Video, das von Dr. Chris Tisdell auf YouTube hochgeladen wurde und den Titel "heat equation derivation" trägt. Als Vorbereitung auf die eigentliche Herleitung schreiben wir noch das Fourier'sche Gesetz (2) um, da wir die umgeformte Gleichung anwenden werden [22][36]. Dazu ersetzen wir die Wärmestromdichte $\dot{q}$ durch den Quotienten $\frac{\dot{Q}}{A}$, der weiter oben auf derselben Seite mit $\dot{q}$ gleichgesetzt wurde.

$$\dot{q} = -\lambda \cdot \frac{\partial u}{\partial x} \quad \rightarrow \quad \frac{\dot{Q}}{A} = -\lambda \cdot \frac{\partial u}{\partial x}$$

$$\rightarrow \quad \dot{Q} = -\lambda \cdot A \cdot \frac{\partial u}{\partial x} \tag{3}$$

Wir betrachten nun einen Abschnitt des Stabes. Dieser Abschnitt habe wie der ganze Stab die Form eines Zylinders und erstrecke sich vom Querschnitt an der fixen Stelle x_0 bis zum Querschnitt an der variablen Stelle x.

$Q_{x_0}(x, t)$ sei die Funktion, die die gesamte Wärmeenergie des Abschnitts, der sich von x_0 bis x erstreckt, zum Zeitpunkt t repräsentiert. Deren Wert hängt einerseits von x, wobei wir x_0 als fixiert betrachten, denn wenn x zunimmt, so wird der Abschnitt grösser und somit auch seine Wärmeneregie. Gleiches gilt natürlich, wenn x abnimmt. Nach dem Fourier'schen Gesetz (2) wird Wärme übertragen, wenn ein Temperaturgefälle ungleich 0 vorhanden ist, wenn also die erste partielle Ableitung der Temperaturfunktion nach x ungleich 0 ist. Ist dies an den Enden des Abschnitts der Fall, so fliesst durch die Enden Wärme in oder aus dem Abschnitt, wodurch sich seine Wärmeenergie mit der Zeit ändert. Deshalb hängt sie andererseits auch von der Zeit t ab. Zur Veranschaulichung des Abschnitts habe ich eigens eine Abbildung kreiert und auf der folgenden Seite eingefügt:

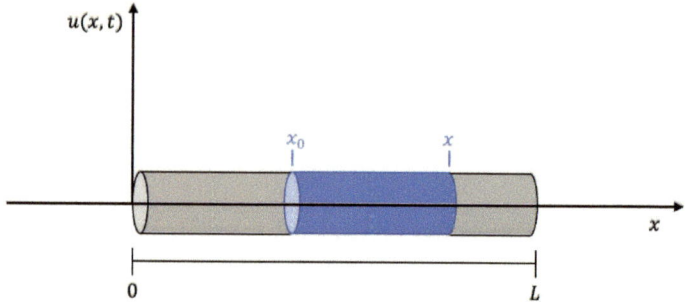

Nun suchen wir nach einem Ausdruck für diese Wärmeenergie-Funktion, wobei wir damit zwar keine Berechnungen durchführen wollen, diesen Audruck allerdings für die Herleitung der Wärmeleitungsgleichung brauchen. Wir versuchen demnach, einen Ausdruck für die Wärmeenergie des Abschnitts, der sich von der Stelle x_0 bis zur Stelle x erstreckt, zum Zeitpunkt t zu finden. Wenn der Abschnitt, der von x_0 bis x reicht, aus mehreren Teilen bestünde, die jeweils überall die gleiche Temperatur hätten, oder der ganze Abschnitt gar überall dieselbe Temperatur aufwiese, so könnten wir mit (1) die Wärmeenergien jedes Teiles berechnen und diese aufaddieren, um die Wärmeenergie des gesamten Abschnitts zu erhalten, doch wenn $u(x,t)$ auf diesem Abschnitt stetig ist, so ist eine solche Unterteilung nicht möglich und wir müssen anders vorgehen.

Ein guter Ansatz wäre eine Approximation. Wir nehmen an, der Abschnitt bestehe aus n kleineren, ebenfalls zylinderförmigen, gleich grossen Unterabschnitten, wobei jeder dieser Unterabschnitte jeweils überall die gleiche Temeratur besitzt. Um nun die Wärmeenergie des gesamten grösseren Abschnitts zu berechnen, addieren wir die Wärmeenergien der Unterabschnitte. Wir müssen die Anzahl der Unterabschnitte erhöhen, um eine bessere Approximation zu erhalten, denn je dünner und zahlreicher die Unterabschnitte sind, desto mehr sieht der Übergang zwischen ihren verschiedene Temperaturen stetig aus und desto mehr sehen sie alle zusammen wie der gesamte betrachtete Abschnitt aus. Der i-te Unterabschnitt habe eine Länge von $\frac{x-x_0}{n}$ Einheiten, also ein n-tel des Abstandes zwischen x und x_0. Folglich erstreckt er sich, wie man sich geometrisch überlegen kann, von der Stelle $x_0 + \frac{(i-1)(x-x_0)}{n}$ bis zur Stelle $x_0 + \frac{(i)(x-x_0)}{n}$, wir nennen jedoch diese Stellen der Einfachheit halber x_i und x_{i+1} und die Länge des Unterabschnitts $x_{i+1} - x_i$ und ersetzen diese später erst wieder durch die komplizierteren Ausdrücke. Die absolute Temperatur des Unterabschnitts sei überall $u(x_i,t)$, also die Temperatur seiner linken Kreisfläche, mit der er an den vorhergehenden Unterabschnitt angrenzt, und m_i sei seine Masse. Dazu habe ich ebenfalls zur Veranschaulichung eine Abbildung kreiert, die auf der nächsten Seite folgt:

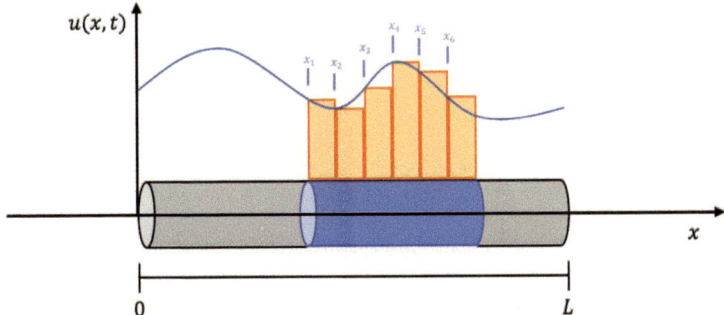

Nach (1) ist die gesamte Wärmeenergie des Unterabschnitts:

$$Q_i = c \cdot m_i \cdot u(x_i, t)$$

Nun ist die Summe der Wärmeenergien der n Abschnitte:

$$\sum_{i=1}^{n} Q_i = \sum_{i=1}^{n} c \cdot m_i \cdot u(x_i, t)$$

Lassen wir nun n gegen ∞ gehen, so werden die einzelnen Abschnitte im Durchschnitt immer feiner und der Grenzwert dieser Summe ihrer Wärmeenergien wird der gesamten Wärmeenergie des Abschnitts entsprechen. Wir schreiben also:

$$Q_{x_0}(x, t) = \lim_{n \to \infty} \sum_{i=1}^{n} c \cdot m_i \cdot u(x_i, t)$$

Nun sollten wir auch noch einen anderen Ausdruck für m_i finden, da wir m_i nicht kennen, allerdings die Dichte ρ des Stabes und dessen Querschnittsfläche A und einen Ausdruck für die Länge des i-ten Unterabschnittes, nämlich $x_{i+1} - x_i$, haben.

Die physikalische Dichte eines Stoffes ist definiert als Quotient aus seiner Masse und seinem Volumen. Es muss folglich für die Masse m_i und das Volumen V_i des i-ten Unterabschnitts gelten:

$$\rho = \frac{m_i}{V_i} \quad \to \quad m_i = \rho \cdot V_i$$

Da der Unterabschnitt die Form eines Zylinders besitzt, ist sein Volumen das Produkt aus seiner Querschnittsfläche A und seiner Länge, $(x_{i+1} - x_i)$. Folglich können wir V_i umschreiben als:

$$V_i = A \cdot (x_{i+1} - x_i)$$

Nun setzen wir den Ausdruck für V_i in den Ausdruck für m_i ein und erhalten:

$$m_i = \rho \cdot A \cdot (x_{i+1} - x_i)$$

26

Dies können wir wiederum in unseren ersten Ausdruck für $Q_{x_0}(x,t)$ einsetzen:

$$\rightarrow \quad Q_{x_0}(x,t) = \lim_{n\to\infty} \sum_{i=1}^{n} c\rho A \cdot (x_{i+1} - x_i) \cdot u(x_i, t)$$

Nun ersetzen wir noch $x_{i+1} - x_i$ durch einen n-tel des Abstandes zwischen x_0 und x, nehmen den Faktor $c\rho A$ vor das Summenzeichen und schreiben hinzu, wie man x_i errechnen kann:

$$\rightarrow \quad Q_{x_0}(x,t) = c\rho A \cdot \lim_{n\to\infty} \sum_{i=1}^{n} \frac{x - x_0}{n} \cdot u(x_i, t) \quad \text{mit} \quad x_i = x_0 + \frac{(i-1)(x - x_0)}{n}$$

Nun sollten wir uns allerdings fragen, wie wir diesen Grenzwert errechnen können. Numerische Verfahren würden zwar funktionieren, sind aber aufwendig und einfache Ausdrücke sind natürlich erstrebenswert. Wenn man gut hinschaut, bemerkt man, dass dieser Grenzwert für ein beliebiges x das bestimmte Integral der Temperaturfunktion $u(x,t)$ von x_0 bis x ist. Denn, will man die Fläche unter dem Graphen von $u(x,t)$ in diesem Intervall mit der sogenannten Streifenmethode berechnen, wobei alle Streifen gleich lang sein sollten, so ergibt sich als Fläche des i-ten Streifens von n Streifen das Produkt $\left(\frac{x-x_0}{n}\right) \cdot u(x_i, t)$, da $\frac{x-x_0}{n}$ seine Länge und der Funktionswert $u(x_i, t)$ seine Höhe ist und deren Produkt seine Fläche ergibt. Diese Streifen lässt man dann immer dünner und zahlreicher werden und der Grenzwert der Summe ihrer Flächen für $n \to \infty$ ist dann die gesamte Fläche unter dem Graphen von $u(x,t)$ über dem Intervall $[x_0, x]$, also das bestimmte Integral von $u(x,t)$ über dieses Intervall. Da nun aber x eine allgemeine Stelle auf der x-Achse repräsentiert, ist $Q_{x_0}(x,t)$ nicht ein bestimmtes Integral, sondern eine Integralfunktion. Wir können dafür die gewöhnliche Schreibweise für Integralfunktionen verwenden:

$$Q_{x_0}(x,t) = c\rho A \cdot \int_{x_0}^{x} u(\chi, t)\, d\chi$$

Der Grund, warum wir für die Temperaturfunktion u nicht mehr die Variable x, sondern χ benutzen, ist, dass andernfalls eine Zweideutigkeit der Variablen x entstehen würde. Denn dann wäre sie einmal als obere Integrationsgrenze und einmal als Integrationsvariable zu verstehen, und hätte somit zwei verschiedene Bedeutungen. Um dies zu vermeiden, ist es üblich, eine sogenannte "Dummy Variable" einzuführen, hier trägt sie den Namen χ. Das Integral hat trotzdem denselben Wert, denn es ist egal, welchen Namen die Variable trägt, von der eine Funktion abhängt, deren Graphen sieht immer gleich aus, weswegen auch die Fläche unter diesem gleich ist. Nun leiten wir beide Seiten partiell nach t ab, wodurch wir die momentane Änderungsrate der Wärmeenergie des Abschnitts erhalten. Die letzte Umformung folgt aus der sogenannten Leibniz-Regel für Integrale mit mehreren Variablen:

$$\frac{\partial Q_{x_0}}{\partial t}(x,t) = \frac{\partial}{\partial t}\left(c\rho A \cdot \int_{x_0}^{x} u(\chi, t)\, d\chi\right) \quad \rightarrow \quad \frac{\partial Q_{x_0}}{\partial t}(x,t) = c\rho A \cdot \frac{\partial}{\partial t}\left(\int_{x_0}^{x} u(\chi, t)\, d\chi\right)$$

$$\rightarrow \quad \frac{\partial Q_{x_0}}{\partial t}(x,t) = c\rho A \cdot \int_{x_0}^{x} \frac{\partial u}{\partial t}(\chi, t)\, d\chi \tag{4}$$

Diese Gleichung bringt uns allerdings nicht direkt an unser Ziel, denn wir wollen schlussendlich eine partielle DG mit der Temperaturfunktion $u(x,t)$ als Lösung derer, was heisst, dass dort auch nur Ableitungen dieser Funktion enthalten sein sollen, doch auf der linken Seite von (4) befindet sich eine partielle

Ableitung von $Q_{x_0}(x,t)$. Wir müssen also versuchen, dieses durch einen Ausdruck zu ersetzen, der entweder keine oder zumindest eine partielle Ableitung von $u(x,t)$ enthält, sodass wir nur noch solche in unserer Gleichung haben. Dazu ziehen wir das Fourier'sche Gesetz zur Hilfe.

Nun überlegen wir uns, wie sich eigentlich die Wärmeenergie des betrachteten Abschnitts ändert. Wäre der Abschnitt vollständig isoliert, so würde sich seine Wärmeenergie nicht ändern, doch er ist ja Teil des grösseren Stabes (dieser ist allerdings isoliert) und wenn an seinen Enden ein Temperaturgefälle ungleich 0 vorhanden ist, so wird Wärme in oder aus dem Abschnitt fliessen. Nach dem Energieerhaltungssatz bleibt die Wärmeenergie im Stab konstant, weshalb die einzige Möglichkeit, wie sich die Wärmeenergie des Abschnitts ändern kann, ist, dass Wärmeenergie vom Rest des Stabes in den Abschnitt oder umgekehrt übertragen wird. Die Änderung der gesamten Wärmeenergie des Abschnitts ist folglich die Summe aus der Wärmeenergie, die von links, also an der Stelle x_0 hineinkommt, und der, die von rechts, also an der Stelle x hineinkommt. Wir nennen die Wärmemenge, die von links in den Abschnitt strömt ΔQ_{x_0}, die von rechts ΔQ_x und die Zeit, während der die Wärmeübertragung stattfindet, Δt. Dann gilt:

$$\Delta Q_{x_0}(x,t) = \Delta Q_{x_0} + \Delta Q_x$$

Tritt Wärmeenergie nach links oder rechts aus dem Abschnitt aus, so hat ΔQ_{x_0} oder ΔQ_x ein negatives Vorzeichen. $\Delta Q_{x_0}(x,t)$ kann also auch negativ sein und das hiesse, dass der Abschnitt insgesamt Wärmeenergie verliert.

Wir teilen durch Δt, um die mittlere Änderungsrate von $Q_{x_0}(x,t)$ und den Wärmestrom von links und von rechts zu erhalten:

$$\frac{\Delta Q_{x_0}(x,t)}{\Delta t} = \frac{\Delta Q_{x_0}}{\Delta t} + \frac{\Delta Q_x}{\Delta t}$$

Dann lassen wir die übertragenen Mengen an Wärmeenergie und die Zeitänderung Δt gegen 0 laufen, um die momentane Änderungsrate in Bezug auf die Zeit von $Q_{x_0}(x,t)$, das heisst die partielle Ableitung nach t und den momentanen Wärmestrom an den Enden des Abschnitts zu erhalten:

$$\frac{\partial Q_{x_0}}{\partial t}(x,t) = \dot{Q}_{x_0} + \dot{Q}_x \tag{5}$$

Für die zwei Summanden auf der rechten Seite der Gleichung benützen wir die Notation mit dem Punkt, die wir schon beim Fourier'schen Gesetz benützt haben. Nach (3) (Umformung des Fourier'schen Gesetzes) gilt für $\dot{Q}_{x_0}$:

$$\dot{Q}_{x_0} = -\lambda \cdot A \cdot \frac{\partial u}{\partial x}(x_0,t) \tag{6}$$

Hier müssen wir angeben, dass wir die partielle Ableitung am Punkt (x_0, t) berechnen, während das beim Fourier'schen Gesetz nicht der Fall war, da es für alle x-Stellen gilt und wir dort keine spezifische Stelle betrachtet haben.

Nun müssen wir allerdings noch das Gleiche für $\dot{Q}_x$ tun. Der Wärmestrom, der im Fourier'schen Gesetz beschrieben ist, ist per Definition in positive x-Richtung gerichtet, im kartesischen Koordinatensystem also nach rechts. Nun haben wir aber definiert, dass ΔQ_x die Wärmeenergie ist, die von rechts in den Abschnitt strömt, folglich ist der Wärmestrom $\dot{Q}_x$ nach links gerichtet. Es gilt:

$$\dot{Q}_x = -\left(-\lambda \cdot A \cdot \frac{\partial u}{\partial x}(x,t)\right) \tag{7}$$

Es braucht hier im Gegensatz zu (7) noch ein zusätzliches negatives Vorzeichen. Da der im Fourier'schen Gesetz beschriebene Wärmestrom nach rechts gerichtet ist, dieser aber nach links gerichtet sein soll, müssen wir die Richtung umkehren, was einer Multiplikation mit -1 entspricht. Nun setzen wir die Ausdrücke für $\dot{Q}_{x_1}$ und $\dot{Q}_x$ in (5) ein und erhalten so:

$$\frac{\partial Q_{x_0}}{\partial t}(x,t) = -\lambda A \frac{\partial u}{\partial x}(x_0,t) + \left(-\left(-\lambda A \cdot \frac{\partial u}{\partial x}(x,t)\right)\right) \quad \rightarrow \quad \frac{\partial}{\partial t}Q_{x_0}(x,t) = \lambda A \left(\frac{\partial u}{\partial x}(x,t) - \frac{\partial u}{\partial x}(x_0,t)\right)$$

Anschliessend setzen wir diesen neuen Ausdruck für $\frac{\partial}{\partial t}Q_{x_0}(x,t)$ in (4) ein, was uns einen grossen Schritt weiter bringt:

$$\rightarrow \quad \lambda A \left(\frac{\partial u}{\partial x}(x,t) - \frac{\partial u}{\partial x}(x_0,t)\right) = c\rho A \cdot \int_{x_0}^{x} \frac{\partial}{\partial t}u(\chi,t)\,d\chi$$

Offensichtlich können wir auf beiden Seiten durch A teilen, um die Gleichung zu vereinfachen:

$$\rightarrow \quad \lambda \left(\frac{\partial u}{\partial x}(x,t) - \frac{\partial u}{\partial x}(x_0,t)\right) = c\rho \cdot \int_{x_0}^{x} \frac{\partial}{\partial t}u(\chi,t)\,d\chi \tag{8}$$

Um nun zur Wärmeleitungsgleichung zu gelangen, brauchen wir noch einige Umformungen, allerdings sind schon in dieser Gleichung nur Ableitungen von $u(x,t)$ enthalten, was natürlich sein muss, damit $u(x,t)$ Lösung der Wärmeleitungsgleichung ist. Den Ausdruck in der Klammer auf der linken Seite der Gleichung können wir durch eine Integralfunktion ersetzen:

$$\lambda \cdot \int_{x_0}^{x} \frac{\partial^2 u}{\partial x^2}(\chi,t)\,d\chi = c\rho \cdot \int_{x_0}^{x} \frac{\partial u}{\partial t}(\chi,t)\,d\chi \tag{9}$$

Im Folgenden werde ich diesen nicht unmittelbar einleuchtenden Umformungsschritt erklären. Der Fundamentalsatz der Analysis für Funktionen mit zwei Variablen - mit den Bezeichnungen für die Variablen, die wir bereits verwendet haben - lautet [29]:

$$\int_{a}^{x} f(\chi,t)\,d\chi = F_x(b,t) - F_x(a,t) \tag{10}$$

wobei für die Stammfunktion $F_x(x,y)$ gilt:

$$\frac{\partial}{\partial x}(F_x(x,t)) = f(x,t) \tag{11}$$

Es ist nicht direkt ersichtlich, dass man vom Ausdruck in den Klammern auf der linken Seite von (8) zum Ausdruck nach dem A auf der linken Seite von (9) durch Umschreiben gelangt. Setzen wir die beiden Ausdrücke gleich, können wir erkennen, dass aus (10) folgt, dass sie den gleichen Wert haben:

$$\int_{x_0}^{x} \frac{\partial^2 u}{\partial x^2}(\chi,t)\,d\chi = \frac{\partial u}{\partial x}(x,t) - \frac{\partial u}{\partial x}(x_0,t)$$

Die untere Integrationsgrenze, die wir in (10) a genannt haben, ist in diesem Falle x_0.

Der Integrand ist in diesem Falle:

$$f(x,t) = \frac{\partial^2 u}{\partial x^2}(x,t)$$

und die Stammfunktion ist:

$$F_x(x,t) = \frac{\partial u}{\partial x}(x,t)$$

Wir können zeigen, dass dies auch wirklich eine Stammfunktion des Integranden ist, indem wir überprüfen, ob zwischen ihnen der gleiche Zusammenhang wie bei (10) gilt, und wir sehen:

$$\frac{\partial}{\partial x}(\frac{\partial u}{\partial x}(x,t)) = \frac{\partial^2 u}{\partial x^2}(x,t)$$

Die eine Funktion ist also Stammfunktion der anderen und die Integrationsgrenzen sind klar erkennbar. Folglich ist der Umformungsschritt von (8) zu (9) korrekt.

Nun leiten wir noch auf beiden Seiten partiell nach x ab. Per Definition ist die Ableitung der Integralfunktion einer reellwertigen Funktion $f(x)$ gleich $f(x)$. Dabei wir die Variable χ wieder zu x, denn es ist keine Integralfunktion mehr vorhanden. Wir erhalten folglich:

$$\lambda \cdot \frac{\partial^2 u}{\partial x^2}(x,t) = c\rho \cdot \frac{\partial u}{\partial t}(x,t)$$

$$\rightarrow \quad \frac{\lambda}{c\rho} \cdot \frac{\partial^2 u}{\partial x^2}(x,t) = \frac{\partial u}{\partial t}(x,t)$$

Schliesslich definieren wir noch der Einfachheit halber $\alpha = \frac{\lambda}{c\rho}$ und ersetzen durch α:

$$\alpha \frac{\partial^2 u}{\partial x^2}(x,t) = \frac{\partial u}{\partial t}(x,t)$$

Als Letztes und für die Ästhetik tauschen wir noch die Seiten der Gleichung und lassen die Variablen der partiellen Ableitung weg und erhalten so die Wärmeleitungsgleichung:

$$\boxed{\frac{\partial u}{\partial t} = \alpha\frac{\partial^2 u}{\partial x^2}}$$

3.2 Herleitung der Anfangs- und Randbedingungen

Nun ist die Wärmeleitungsgleichung hergeleitet, doch, wie in der Einleitung der Arbeit erwähnt, gehören zu ihr auch noch bestimmte Anfangs- und Randbedingungen, wodurch sie sich erst in der Realität anwenden lässt. Die Wärmeleitungsgleichung und diese Bedingungen bilden ein Anfangs- und Randwertproblem, ein Typ von Aufgaben mit DGen, den wir in Kapitel 2 kennengelernt haben. Wir fahren nun mit der Herleitung der dazugehörigen Anfangs- und Randbedingungen fort.

Wie in der Einleitung erwähnt, kann durch Lösung der Wärmeleitunsgleichung eine Funktion ermittelt werden, die die Temperatur jedes Querschnittes eines langen, sehr dünnen Stabes zu einem beliebigen Zeitpunkt angibt. Will man den Verlauf der Temperatur bei einer gegebenen anfänglichen Temperaturverteilung mit einer Funktion beschreiben, um so gegebene Probleme in der Realität zu lösen, so muss die gesuchte Lösungsfunktion allerdings die Bedingung erfüllen, dass sie diese gegebene anfängliche Temperaturverteilung aufweist [37].

Diese anfängliche Temperaturverteilung soll eine Funktion sein, die die Temperatur jedes Punktes des Stabes zum Zeitpunkt $t = 0$ angibt, daher "anfänglich". $u(x,t)$ soll also zum Zeitpunkt $t = 0$ dieser Temperaturverteilung entsprechen. Ihr Wert hängt nur von x ab, da im Anfangszustand $t = 0$ ist und folglich nicht beachtet werden muss. Wir nennen diese Funktion $f_0(x)$. Es handelt sich hierbei um eine Anfangsbedingung, da der Verlauf der Funktion am Anfang, also zum Zeitpunkt $t = 0$ gegeben ist. Dies muss nicht für alle reellen x-Werte, mindestens aber für alle von 0 bis L gelten, da der Stab dort liegt. Sie muss natürlich eine reellwertige Funktion sein, denn die Temperaturen müssen reelle Zahlen sein, und, da wir sie später noch über das Intervall $[a, b]$ integrieren werden, muss sie nach dem Fundamentalsatz der Analysis auf diesem Intervall stetig sein, damit man sie über dieses integrieren kann. Mathematisch korrekt lässt sich diese Bedingung, wie in der Einleitung schon gezeigt, folgendermassen formulieren:

$$\text{Anfangsbedingung:} \quad \boxed{u(x,0) = f_0(x), \quad 0 \leq x \leq L}$$

Nun hatten wir noch als Annahme oder eher Vorraussetzung, dass der Stab überall isoliert sei, was bedeutet, dass keine Wärmeenergie aus dem Stab in seine Umgebung oder aus dieser in den Stab übertragen wird. Daher müssen wir diejenigen mathematischen Bedingungen finden, die zu dieser physikalischen Bedingung gehören. Wir müssen allerdings nur darauf achten, dass die Enden des Stabes isoliert sind, denn, da wir uns nur mit der eindimensionalen Wärmeleitungsgleichung beschäftigen und nur den Wärmestrom entlang des Stabes betrachten, könnte der Wärmestrom von oben oder unten in oder aus dem Stab sowieso nicht beschrieben werden [10][38]. Wie bereits in der Einleitung erwähnt, befindet sich das linke Ende bei $x = 0$ und das rechte bei $x = L$. Nach dem Fourier'schen Gesetz der Wärmeleitung in einer Dimension wird nur dann Wärme durch einen Querschnitt des Stabes an einer bestimmten Stelle auf der x-Achse übertragen, wenn dort ein Temperaturgefälle ungleich 0 vorhanden ist:

$$\dot{q} = -\lambda \cdot \frac{\partial u}{\partial x}$$

Ist $\frac{\partial u}{\partial x} = 0$, so wird auch keine Wärme übertragen, denn dann ergibt das Produkt auf der rechten Seite der Gleichung 0. Wir können daraus folgern, dass das Temperaturgefälle an den Enden nur im ersten Moment ungleich 0 sein darf, danach aber gleich 0 sein muss, damit der Stab isoliert ist. Denn $f_0(x)$ kann zwar so gewählt werden, dass bei $t = 0$ an den Enden ein Temperaturgefälle ungleich 0 vorhanden ist, wenn aber dieses Gefälle für alle Zeitpunkte $t > 0$ gleich 0 ist, kann keine Wärmeenergie durch die Enden übertragen werden, da das Gefälle nur zu einem einzigen Zeitpunkt $t = 0$ ungleich 0 ist und keine Wärme fliessen kann, wenn keine Zeit vergeht, denn physikalische Prozesse finden nur dann statt, wenn Zeit vergeht. Dies würde bedeuten, dass der Stab perfekt isoliert ist.

Es handelt sich bei diesen Bedingungen um Randbedingungen, da sie nur für die Ränder des Intervalls, in dem die Wärmeleitungsgleichung erfüllt sein soll, gelten. Mathematisch korrekt lassen sie sich, wie in der Einleitung schon gezeigt, folgendermassen formulieren:

$$\text{Randbedingungen:} \quad \boxed{\frac{\partial u}{\partial x}(0,t) = \frac{\partial u}{\partial x}(L,t) = 0, \quad t > 0}$$

4. Lösung der Wärmeleitungsgleichung mit Anfangs- und Randbedingungen

In diesem Kapitel erkläre ich die Lösung der Wärmeleitungsgleichung mit den im vorherigen Kapitel hergeleiteten Anfangs- und Randbedingungen. Die Lösung erfordert einige Schritte, denn wie bei vielen anderen DGen gibt es nicht eine einzige Formel, mit der man die Lösung ermitteln kann, und es ist ein ganzer Lösungsprozess erforderlich. Anschliessend wird noch die Bedeutung der Lösung erläutert und es folgt eine Zusammenfassung des Lösungsprozesses, die einen Überblick und Verständlichkeit schaffen und dem Leser oder der Leserin helfen soll, DGen besser zu verstehen.

Im Kontext einer direkten Anwendung auf einen Stab muss die gesuchte Lösungsfunktion die Wärmeleitungsgleichung nur für x-Werte von 0 bis L und nicht negative t-Werte erfüllen, doch wir werden versuchen eine Funktion zu finden, die die Wärmeleitungsgleichung für alle reellen x- und t-Werte erfüllt, was ich in der Einleitung des dritten Kapitels begründet habe.

4.1 Die Lösungsmethode

Es gibt verschiedene Methoden, DG zu lösen; je nach Typ der DG bieten sich dazu verschiedene Methoden an und es sind mehrere Methoden nötig. Eine Methode, die als Lösungsansatz dienen kann, heisst Separarationsansatz oder Produktansatz [27]. Sie basiert auf einer Annahme, mithilfe derer wir die PDG in zwei GDGen zerlegen können und wenn sich diese als richtig erweist, können wir mithilfe deren Lösungen eine allgemeine Lösung der Wärmeleitungsgleichung mit den Anfangs- und Randbedingungen ermitteln. Und da wir eben nach einer Lösung suchen, die sowohl die Wärmeleitungsgleichung als auch ihre Anfangs- und Randbedingungen erfüllt, müssen wir diese auch in den Lösungsprozess miteinbeziehen.

Der Separationsansatz basiert wie erwähnt auf einer Annahme. Wir nehmen an, dass es spezielle (oder "partikulären") Lösungen der Wärmeleitungsgleichung gibt, die von folgender Form sind:

$$u_p(x,t) = X(x)T(t)$$

wobei das tiefgestellte p für "partikulär" steht, da es sich um partikuläre Lösungen der Wärmeleitungsgleichung handelt und nicht um die allgemeine. Wir nehmen an, die speziellen Lösungen seien das Produkt aus $X(x)$ und $T(t)$, wobei $X(x)$ eine Funktion nur von x und $T(t)$ eine Funktion nur von t ist. (Da wir hier den Buchstaben T benützen, verwenden wir für die gesuchte Temperaturfunktion ein u und nicht auch ein T, damit diese zwei Dinge klar unterschiedbar sind.) Die Bezeichnung "Produktansatz" rührt daher, dass angenommen wird, die speziellen Lösungen seien ein Produkt aus zwei solchen Funktionen, und die Bezeichnung "Separationsansatz" rührt daher, dass angenommen wird, dass die speziellen Lösungen aus zwei Teilen (genauer gesagt: Faktoren) bestehen, die von je nur einer Variablen abhängen, die Variablen also gewissermassen "getrennt" sind (daher "Separation"). Im Folgenden werde ich allerdings nur noch den Begriff "Separationsansatz" verwenden.

Dass wir eine solche Annahme machen können, steht ausser Frage, es stellt sich allerdings die Frage, wieso dies von Nutzen sein soll. Die Antwort ist, dass man mithilfe dies Separationsansatzes aus der Wärmeleitungsgleichung, einer partiellen DG, zwei gewöhnliche DG erhalten kann, deren Lösungen $X(x)$ und $T(t)$ sind. Unsere speziellen Lösungen erhalten wir dann als Produkt der Lösungen der beiden GDGen.

Meist können die Randbedingungen beim Ermitteln der speziellen Lösungen miteinbezogen werden, dass heisst, nur diejenigen speziellen Lösungen ausgewählt werden, die die Randbedingungen erfüllen, meist können aber die Anfangsbedingunen noch nicht erfüllt werden. Aus den unendlich vielen speziellen Lösungen, die man so erhält, kann nach dem Superpositionsprinzip, das in Kapitel 2 erklärt wurde, eine allgemeine Lösung konstruiert werden, die eine Linearkombination der speziellen Lösungen ist [7][16][34]. Die Konstanten können dann so gewählt werden, dass wieder eine neue spezielle Lösung entsteht, die zusätzlich zu den Randbedingungen noch die Anfangsbedingung erfüllt und das ist, wonach wir letztendlich suchen.

Es ist zu beachten, dass das Superpositionsprinzip nur für lineare, homogene Differentialgleichungen mit linearen Randbedingungen gilt und nur, wenn die unendliche Linearkombination der speziellen Lösungen, das heisst die allgemeine Lösung, gewisse Konvergenzbedingungen erfüllt. In Kapitel 2 haben wir gesehen, dass es für die Wärmeleitungsgleichung und unsere Randbedingungen gilt, da beide linear, die Wärmeleitungsgleichung auch homogen ist und die allgemeine Lösung diese Bedingungen erfüllt, wobei nicht weiter auf diese eingegangen wird, da dies über den Rahmen der Arbeit hinausgehen würde.

4.2 Zerlegung der PDG in zwei GDGen

Die Wärmeleitungsgleichung lautet:

$$\frac{\partial u}{\partial t} = \alpha \frac{\partial^2 u}{\partial x^2}$$

Mit anderer Schreibweise:

$$\frac{\partial}{\partial t} u(x,t) = \alpha \frac{\partial^2}{\partial x^2} u(x,t)$$

Spezielle Lösungen der Wärmeleitungsgleichung erfüllen diese, weshalb offensichtlich für jede spezielle Lösung gilt:

$$\frac{\partial}{\partial t} (u_p(x,t)) = \alpha \frac{\partial^2}{\partial x^2} (u_p(x,t))$$

Der folgende Abschnitt basiert grösstenteils auf einer Präsentation, die von Ryan C. Daileda von der Trinity University veröffentlicht wurde. Nun ersetzen wir $u_p(x,t)$ durch das Produkt $X(x)T(t)$ [8][15]. Dadurch werden die partiellen Ableitungen zu Ableitungen, da wir zwei Funktionen betrachten, die je von nur einer Variable abhängen. Partielle Ableitungen braucht man nur, wenn man Funktionen hat, die selbst von zwei Variablen abhängen.

Anschliessend formen wir beide Seiten der Gleichung nach den Regeln der Differntiation um:

$$\frac{d}{dt}(X(x)T(t)) = \alpha \frac{d^2}{dx^2}(X(x)T(t))$$

$$\rightarrow \quad X(x)\frac{d}{dt}T(t) = \alpha \frac{d^2}{dx^2}X(x) \cdot T(t)$$

Für Ableitungen gibt es nun die abkürzende Schreibweise mit den Strichen, die das Ganze übersichtlicher macht:

$$X(x)T'(t) = \alpha \cdot X''(x)T(t)$$

Nun verändern wir die Gleichung so, dass die beiden Teilfunktionen getrennt auf beiden Seiten stehen, nämlich folgendermassen:

$$\frac{X''(x)}{X(x)} = \frac{T'(t)}{\alpha T(t)} \tag{1}$$

wobei wir auch die Seiten der Gleichung vertauscht haben. Der nächste Schritt ist eine Vorraussetzung dafür, dass wir die PDG in zwei GDGen zerlegen können und ich werde ihn auf Basis eigener Gedanken beweisen.

Es muss nämlich gelten:

$$\frac{X''(x)}{X(x)} = \frac{T'(t)}{\alpha T(t)} = k \tag{2}$$

wobei k eine reelle Konstante ist und "Separationskonstante" genannt wird.

Um dies zu beweisen, führen wir einen sogenannten Widerspruchsbeweis durch. Dieser funktioniert folgendermassen: Wir nehmen an, diese Aussage stimme nicht und zeigen auf, dass dies zu einem Widerspruch führt. Folglich war unsere Annahme falsch und, da unsere Aussage nur entweder stimmen oder nicht stimmen kann, muss sie stimmen, womit wir die Aussage indirekt bewiesen haben.

Der folgende Beweis entstammt meinen eigenen Gedanken. Wir nehmen an, die Ausdrücke auf beiden Seiten von (1) haben für zwei beliebige x- und t-Werte x_1 und t_1 den reellen Wert w_1, es gälte also:

$$\frac{X''(x_1)}{X(x_1)} = \frac{T'(t_1)}{\alpha T(t_1)} = w_1$$

Nun nehmen wir an, die beiden Ausdrücke haben für zwei weitere, von den vorherigen verschiedene Werte x_2 und t_2 einen von w_1 verschiedenen Wert w_2. Folglich gälte:

$$\frac{X''(x_2)}{X(x_2)} = \frac{T'(t_2)}{\alpha T(t_2)} = w_2$$

Nun folgte allerdings aus der Wärmeleitungsgleichung die Gleichung (1), die uns sagt, dass diese beiden

Ausdrücke für alle x- und t-Werte den gleichen Wert haben müssen. Doch, wählen wir für x den Wert x_1 und für t den Wert t_2, so ergibt sich aus den vorherigen zwei Gleichungen Folgendes:

$$\frac{X''(x_1)}{X(x_1)} = w_1$$

und

$$\frac{T'(t_2)}{\alpha T(t_2)} = w_2$$

und folglich:

$$\frac{X''(x_1)}{X(x_1)} \neq \frac{T'(t_2)}{\alpha T(t_2)}$$

Dies ist ein Widerspruch, denn Gleichung (1) besagt genau, dass diese beiden Ausdrücke für alle x- und t-Werte gleich sind. Folglich kann unsere Annahme nicht stimmen und unsere Aussage, dass diese beiden Ausdrücke einen konstantn Wert haben, stimmt.

Nun können wir aus Gleichung (2) zwei Gleichungen machen, die zwei GDGen darstellen:

$$\frac{X''(x)}{X(x)} = k, \quad \frac{T'(t)}{\alpha T(t)} = k$$

$$\rightarrow \quad X''(x) = kX(x)$$

$$\rightarrow \quad T'(t) = \alpha k T(t)$$

$$\boxed{X''(x) - kX(x) = 0} \tag{3}$$

$$\boxed{T'(t) - \alpha k T(t) = 0} \tag{4}$$

Ausserdem können wir nun noch unsere Randbedingungen anders ausdrücken:

$$\frac{\partial}{\partial x} u(0,t) = \frac{\partial}{\partial x} u(L,t) = 0, \quad t > 0$$

Wenn wir die Produktform unserer gesuchten speziellen Lösungen einsetzen, erhalten wir:

$$\frac{d}{dx}(X(0)T(t)) = \frac{d}{dx}(X(L)T(t)), \quad t > 0$$

Da $T(t)$ bei einer Änderung der x-Variable konstant bleibt, kann man hier die Faktorregel für Ableitungen anwenden und wir ändern der Übersicht halber noch die Notation der Ableitung:

$$X'(0)T(t) = X'(L)T(t) = 0, \quad t > 0$$

Da $T(t)$ in diesem Kontext eine Konstante ist, können wir noch durch diese teilen und erhalten so die neue Form unserer Randbedingungen, die wir sogleich beim Lösen der Wärmeleitungsgleichung brauchen werden:

$$X'(0) = X'(L) = 0$$

Da im Falle der Produktform die Variable t keine Rolle spielt, denn $T(t)$ ist weggefallen, müssen die Randbedingungen für alle Zeitpunkte gelten, was wir nicht aufschreiben müssen. Sie lauten also:

$$\boxed{X'(0) = X'(L) = 0} \tag{5}$$

Nun stellt sich die Frage, wie wir denn diese GDGen lösen können, denn k ist ja unbekannt. Dies geschieht dadurch, dass man eine sogenannte Fallunterscheidung macht, welche im folgenden Unterkapitel erklärt wird.

4.3 Fallunterscheidung bei der Separationskonstanten k

Die Separationskonstante k ist eine reelle Zahl und wir machen im Folgenden 3 Fallunterscheidungen. Eine Fallunterscheidung zu machen, bedeutet in diesem Kontext, anzunehmen, dass k in einem gewissen Bereich der reellen Zahlen liegt (Element einer gewissen Teilmenge von $\mathbb{R}$ ist). Wählen wir zum Beispiel den Fall, dass $k < 0$ ist, so können wir sepezielle Lösungen ermitteln, die von der gewünschten Produktform sind und für die Separationskonstante k negativ ist. Dies könnte man im Nachhinein überprüfen, indem man die erhaltenen Teilfunktionen $X(x)$ und $T(t)$ in Gleichung (2) einsetzt und schaut, ob k wirklich negativ ist. Wie sich zeigen wird, ist es sinnvoll, für k die folgenden 3 Fallunterscheidungen zu machen:

$$1 : k > 0 \qquad 2 : k = 0 \qquad 3 : k < 0$$

Daraus machen wir:

$$1 : k = \mu^2 > 0 \qquad 2 : k = 0 \qquad 3 : k = -\mu^2 < 0$$

wobei μ eine weitere Konstante ist, die grösser als 0 ist. Wir drücken k durch eine solche weitere Konstante aus, da dies spätere Berechnungen übersichtlicher machen wird. Wir ermitteln nun für alle drei Fälle von k die speziellen Lösungen, für die k einen Wert in dem entsprechenden Bereich von $\mathbb{R}$ hat. Wir beginnen auf der folgenden Seite mit dem ersten Fall:

1. Fall: $k = \mu^2 > 0$

Wenn wir in Gleichungen (3) und (4) k durch μ^2 ersetzen, so erhalten wir:

$$X''(x) - \mu^2 X(x) = 0$$

$$T'(t) - \mu^2 \alpha T(t) = 0$$

Wir beginnen nun mit der Lösung der ersten Gleichung und es wird sich auch zeigen, dass dies sinnvoll ist. Wir schreiben die GDG in eine allgemeinere Form um:

$$1 \cdot X''(x) + 0 \cdot X'(x) - \mu^2 X(x) = 0$$

Sie ist linear, da keine Ableitung der Funktion $X(x)$ oder die Funktion selbst einen Exponenten grösser als 1 aufweist und eine GDG zweiter Ordnung, da die höchste Ableitung, die darin vorkommt, eine zweite ist. Des Weiteren ist sie homogen, da auf der rechten Seite der Gleichung eine 0 und keine andere Zahl oder Funktion steht. Ausserdem sind die Koeffizienten Zahlen und keine Funktionen, die von x, was heisst, dass sie konstant sind. Um die GDG zu lösen, stellen wir deren charakteristische Gleichung auf, die in diesem Falle die Koeffizienten $p = 0$ und $q = -\mu^2$ hat:

$$r^2 - \mu^2 = 0 \quad \rightarrow \quad r^2 = \mu^2$$

Die beiden Lösungen für r sind:

$$r_1 = \mu, \quad r_2 = -\mu$$

Es kommen hier keine konkreten Zahlen heraus, die Lösungen hängen nämlich von der Konstante μ ab. Wir haben zwei voneinander verschiedene reelle Nullstellen erhalten.

In diesem Falle lässt sich zeigen, dass die allgemeine Lösung dieser linearen, homogenen GDG zweiter Ordnung mit konstante Koeffizienten folgende ist:

$$X(x) = c_1 \cdot e^{r_1 x} + c_2 \cdot e^{r_2 x} \tag{6}$$

wobei c_1 und c_2 frei wählbare Konstanten sind. Wir setzen die erhaltenen Nullstellen in diese ein und erhalten:

$$X(x) = c_1 \cdot e^{\mu x} + c_2 \cdot e^{-\mu x}$$

Wir schreiben auch noch deren Ableitung auf, da wir diese später brauchen werden:

$$X'(x) = \mu c_1 \cdot e^{\mu x} - \mu c_2 \cdot e^{-\mu x}$$

Nun beziehen wir die Randbedingungen der Wärmeleitungsgleichung mit ein. Sie lauten für den Fall der Produktform (siehe Gleichung (5)):

$$X'(0) = X'(L) = 0$$

Wenn wir die Ableitung der allgemeinen Lösung für $X(x)$ in $X'(0)$ und $X'(L)$ einsetzen und die beiden Ableitungen getrennt aufschreiben, so erhalten wir:

$$1: \ \mu c_1 \cdot e^{\mu \cdot 0} - \mu c_2 \cdot e^{-\mu \cdot 0} = 0 \quad \rightarrow \quad \mu c_1 - \mu c_2 = 0 \quad \rightarrow \quad c_1 = c_2$$

$$2: \mu c_1 \cdot e^{\mu \cdot L} - \mu c_2 \cdot e^{-\mu \cdot L} = 0$$

Mit der Erkenntnis, dass c_1 und c_2 gleich gross sein müssen, können wir nun die zweite Gleichung umformen. Zuerst ersetzen wir c_2 durch c_1:

$$2: \mu c_1 \cdot e^{\mu L} - \mu c_2 \cdot e^{-\mu L} = 0 \quad \rightarrow \quad \mu c_1 (e^{\mu L} - e^{-\mu L}) = 0$$

$$\sinh(x) = \frac{e^x - e^{-x}}{2}$$

$$\rightarrow \quad \mu c_1 \left(\frac{e^{\mu L} - e^{-\mu L}}{2} \right) = 0 \rightarrow \quad \mu c_1 \sinh(\mu L) = 0$$

Im letzten Umformungsschritt wurde der Ausdruck in der Klammer durch den sogenannten "Sinus Hyperbolicus", kurz "sinh", ersetzt, dessen Definition oberhalb steht. Setzt man Argumente ungleich 0 in diese Funktion ein, wie es hier der Fall ist - μ und L sind per Definition ungleich 0 und somit auch ihr Produkt - , so nimmt auch die Funktion einen Wert ungleich 0 an. Folglich können wir durch μ und $\sinh(\mu L)$ teilen, da sie beide ungleich 0 sind, was ergibt:

$$2: \ c_1 = 0$$

Da wir vorher herausgefunden haben, dass $c_1 = c_2$ und jetzt wissen, dass $c_1 = 0$ ist, wissen wir nun, dass gilt:

$$c_1 = c_2 = 0$$

Da wir nun diese beiden Konstanten kennen, können wir sie in Gleichung (6) einsetzen und erhalten:

$$X(x) = 0$$

Die spezielle Lösung der Wärmeleitungsgleichung, die wir suchen, ist das Produkt $X(x)T(t)$ und dieses ist in diesem Fall von k gleich 0, da wir gesehen haben, dass $X(x)$ gleich 0 sein muss. Da sie eine spezielle Lösung ist, nennen wir sie $u_0(x, t)$

$$\boxed{u_0(x, t) = 0}$$

Diese Lösung erfüllt offensichtlich nicht unsere Anfangsbedingung, denn sie hat als anfängliche Temperaturverteilung eine Gerade mit y-Wert 0 und sie kann folglich keine beliebige anfängliche Temperaturverteilung $f_0(x)$ haben. Folglich erfüllt diese Lösung die Anfangsbedingung nicht. Daher müssen wir den zweiten Fall für k betrachten, in der Hoffnung, dass wir dann brauchbare spezielle Lösungen erhalten.

2. Fall: $k = 0$

Wenn wir in Gleichungen (3) und (4) 0 für k einsetzen, so erhalten wir:

$$X''(x) = 0$$

$$T'(x) = 0$$

Wieder beginnen wir mit der Lösung der ersten der beiden Gleichungen. Zuerst schreiben wir sie in eine allgemeinere Form um:

$$X''(x) + 0 \cdot X'(x) + 0 \cdot X(x) = 0$$

Sie ist wie im ersten Fall von k eine lineare, homogene GDG zweiter Ordnung mit konstanten Koeffizienten, daher können wir sie mit der gleichen Methode lösen. Wieder stellen wir ihre charakteristische Gleichung auf:

$$r^2 = 0$$

was ein zweifache Nullstelle r_1 besitzt. Diese lautet:

$$r_1 = 0$$

In diesem Falle ist sie eine konkrete Zahl und nicht μ und $-\mu$. Im Falle einer einzigen Nullstelle lautet die allgemeine Lösung der GDG:

$$X(x) = (c_1 x + c_2) \cdot e^{r_1 x}$$

Wieder setzen wir die Nullstelle ein:

$$X(x) = (c_1 x + c_2) \cdot e^{0 \cdot x} \quad \rightarrow \quad X(x) = (c_1 x + c_2) \cdot 1 \quad \rightarrow \quad X(x) = c_1 x + c_2$$

Die Ableitung der Lösung lautet:

$$X'(x) = c_1$$

Wieder beziehen wir die Randbedingungen mit ein und setzen die Ableitung der Lösung in die Ableitungen bei den Randbedingunen ein:

$$X'(0) = X'(L) = 0 \quad \rightarrow \quad c_1 = c_1 = 0 \quad \rightarrow \quad c_1 = 0$$

Einsetzen dieses Wertes in die allgemeine Lösung für $X(x)$ ergibt:

$$X(x) = 0 \cdot x + c_2$$

$$\rightarrow \quad X(x) = c_2$$

Nun lösen wir die zweite GDG nach $T(t)$ auf, dazu schreiben wir sie jedoch nicht in eine allgemeine Form um und lösen sie mit einer allgemeinen Methode, wie wir es beim Lösen nach $X(x)$ getan haben - dort haben wir eine Methode verwendet, die für alle Koeffizienten funktioniert -, sondern lösen die GDG durch kurzes Überlegen. Wir erinnern uns daran, wie die GDG für diesen Fall von k lautet:

$$T'(t) = 0$$

Diese GDG ist durch einfache Integration nach t zu lösen:

$$\int T'(t)\,dx = \int 0\,dx \quad \rightarrow \quad T(t) + c = 0 + k \quad \rightarrow \quad T(t) = k - c \quad \rightarrow \quad T(t) = C$$

Die Lösungen, die wir für $X(x)$ und $T(t)$ gefunden haben, sind allgemeine Lösungen, da c_2 und a keine konkreten Zahlen sind, sondern alle reellen Zahlen repräsentieren. Daher ist das Produkt der Lösungen für $X(x)$ und $T(t)$ eine allgemeine Lösung der Wärmeleitungsgleichung, es existieren also in diesem Falle von k unendlich viele spezielle Lösungen, die die Produktform haben. Das Produkt $c_2 \cdot C$ ist eine weitere reelle Konstante, die wir einfach einfach c nennen:

$$u(x,t) = X(x) \cdot T(t) = c_2 \cdot C = c$$

$$\boxed{u(x,t) = c} \quad (c \in \mathbb{R})$$

Hier stossen wir auf dasselbe Problem wie im ersten Fall von k: Diese Lösung erfüllt die Anfangsbedingung nicht und ist daher nicht, wonach wir suchen.

3. Fall: $k = -\mu^2 > 0$

Wenn wir in Gleichungen (3) und (4) k durch $-\mu^2$ ersetzen, so erhalten wir:

$$X''(x) + \mu^2 X(x) = 0$$

$$T'(t) + \alpha\mu^2 T(t) = 0$$

Wieder lösen wir zuerst die erste Gleichung und schreiben sie dazu zuerst in eine allgemeinere Form um:

$$X''(x) + 0 \cdot X'(x) + \mu^2 X(x) = 0$$

Dies ist wie in den ersten beiden Fällen von k eine lineare, homogene GDG zweiter Ordnung mit konstanten Koeffizienten, weshalb wir ein drittes Mal die gleiche Methode für die Lösung verwenden können. Wir stellen die charakteristische Gleichung auf:

$$r^2 + \mu^2 = 0 \quad \rightarrow \quad r^2 = -\mu^2 \quad \rightarrow \quad r^2 = (-1) \cdot \mu^2$$

$$\rightarrow \quad r_{1,2} = \pm \mu i$$

Die charakteristische Gleichung hat also zwei komplexe - hier rein imaginäre - Nullstellen. Nun stellen wir diese noch in Normalform dar:

$$r_1 = 0 + \mu i, \quad r_2 = 0 - \mu i$$

Die Nullstellen sind also $a + bi$ und $a - bi$, wobei $a = 0$ und $b = \mu$ ist. Im Falle zweier komplexer Lösungen dieser Form lautet die allgemeine Lösung der GDG:

$$X(x) = e^{ax}(c_1 \cdot \cos(bx) + c_2 \cdot \sin(bx))$$

Einsetzen von a und b ergibt:

$$X(x) = e^{0 \cdot x}(c_1 \cdot \cos(\mu x) + c_2 \cdot \sin(\mu x)) = 1 \cdot (c_1 \cdot \cos(\mu x) + c_2 \cdot \sin(\mu x))$$

$$\rightarrow \quad X(x) = c_1 \cdot \cos(\mu x) + c_2 \cdot \sin(\mu x)$$

Deren Ableitung ist:

$$X'(x) = -\mu c_1 \cdot \sin(\mu x) + \mu c_2 \cdot \cos(\mu x)$$

Wieder beziehen wir die Randbedingungen mit ein:

$$X'(0) = X'(L) = 0$$

$$1 : -\mu c_1 \cdot \sin(\mu \cdot 0) + \mu c_2 \cdot \cos(\mu \cdot 0) = 0 \quad \rightarrow \quad 1 : -\mu c_1 \cdot 0 + \mu c_2 \cdot 1 = 0 \quad \rightarrow \quad \mu c_2 = 0 \quad \rightarrow \quad c_2 = 0$$

$$2 : -\mu c_1 \cdot \sin(\mu L) + \mu c_2 \cdot \cos(\mu L) \quad \rightarrow \quad -\mu c_1 \cdot \sin(\mu L) + \mu \cdot 0 \cdot \cos(\mu L) = 0$$

$$\rightarrow \quad -\mu c_1 \cdot \sin(\mu L) = 0$$

Wie wir gesehen haben, muss $c_2 = 0$ sein, doch es stellt sich die Frage, welche Werte c_1 haben darf. Wäre c_1 gleich 0, so wäre $X(x)$ wieder wie im ersten Fall von k gleich 0 und somit wäre auch die spezielle Lösung der Wärmeleitungsgleichung $u_p(x,t)$ gleich 0. Dies wäre aber eine Lösung, die die Anfangsbedingung nicht erfüllt, und sie ist für uns somit nicht von Nutzen. Daher muss c_1 ungleich 0 sein. Dies ist offenbar die einzige Einschränkung für c_1, sonst kann sie jeden Wert annehmen. Allerdings haben wir noch nicht herausgefunden, welche Werte μ annehmen kann. Bei der zweiten Gleichung können wir durch $-\mu c_1$

teilen, da sowohl μ als auch c_1 nur ungleich 0 sein können und wir nur durch 0 nicht teilen dürfen.

$$-\mu c_1 \cdot \sin(\mu L) \quad \rightarrow \quad \sin(\mu L) = 0$$

Die Sinusfunktion hat nur dann den Wert 0, wenn das Argument ein Vielfaches von π ist. Das Argument ist hier μL und es muss foglich gelten:

$$\mu L = n\pi \quad \rightarrow \quad \mu = \frac{n\pi}{L} \quad (n \in \mathbb{Z})$$

Einsetzen von $c_2 = 0$ und Ersetzen von μ durch $\frac{n\pi}{L}$ in der allgemeinen Lösung für $X(x)$ ergibt:

$$X(x) = c_1 \cos\left(\frac{n\pi}{L} \cdot x\right) + 0 \cdot \sin\left(\frac{n\pi}{L} \cdot x\right) \quad \rightarrow \quad X(x) = c_1 \cos\left(\frac{n\pi x}{L}\right)$$

Da wir für die Konstante c_1 keine Einschränkung gefunden haben und diese Lösung ber der Anwendung des Superpositionsprinzips sowieso mit einer beliebigen Konstanten multipliziert werden wird, setzen wir der Einfachheit halber $c_1 = 1$.

$$X(x) = \cos\left(\frac{n\pi x}{L}\right)$$

Da $\cos(-x) = \cos(x)$ für alle $x \in \mathbb{R}$ gilt, können alle negativen Werte von n ignoriert werden, da der Wert der Kosinusfunktion derselbe wie bei den positiven Werten von n ist. Somit kann n jede natürliche Zahl (einschliesslich 0) sein. Und da wir für jede Zahl n eine andere Lösung für $X(x)$ erhalten und wir diese Lösungen auflisten können, da n nur jede natürliche Zahl sein kann, nennen wir die n-te Lösung $X_n(x)$.

$$X_n(x) = \cos\left(\frac{n\pi x}{L}\right)$$

Nun müssen wir noch $T(t)$ ermitteln, welche Lösung der zweiten GDG ist. Dazu finden wir zuerst die wichtigen Eigenschaften der GDG heraus.

$$T'(t) + \alpha\mu^2 T(t) = 0$$

Sie ist linear, da keine Aleitung der Funktion $T(t)$ oder die Funktion selbst einen Exponeneten grösser als 1 aufweist. Sie ist eine GDG erster Ordnung, da die höchste darin vorkommende Ableitung eine erste Ableitung ist. Diese Informationen sind bereits ausreichend und dass die GDG auch noch homogen ist und konstante Koeffizienten hat, ist nicht von Belang. Die allgemeine Lösung dieser linearen GDG erster Ordnung lautet:

$$T(t) = \frac{\int e^{\int p(t)\,dt} \cdot q(t)\,dt + C}{e^{\int p(t)\,dt}}$$

wobei $p(t)$ der Koeffizient des $T(t)$-Termes ist und $q(t)$ die Funktion, die auf der rechten Seite der GDG steht. Es gilt offensichtlich für unsere GDG: $p(t) = \alpha\mu^2$ und $q(t) = 0$. Einsetzen in die allgemeine Lösung liefert:

$$T(t) = \frac{\int e^{\int \alpha\mu^2\,dt} \cdot 0\,dt + C}{e^{\int \alpha\mu^2\,dt}} = \frac{\int 0\,dt + C}{e^{\alpha\mu^2 t}} = \frac{0 + C}{e^{\alpha\mu^2 t}} = \frac{C}{e^{\alpha\mu^2 t}} = C e^{-\alpha\mu^2 t}$$

Da wir für die Konstante C keine Einschränkung gefunden haben und sich zeigen wird, dass wir später trotzdem eine Lösung konstruieren können, die nebst den Randbedingungen auch die Anfangsbedingung erfüllt, setzen wir der Einfachheit halber $C = 1$, wie wir es bei $X(x)$ getan haben. Und wir ersetzen μ durch $\frac{n\pi}{L}$:

$$T(t) = e^{-\alpha(\frac{n\pi}{L})^2 t} = e^{-\frac{n^2\pi^2\alpha}{L^2}t}$$

Wieder können wir alle negativen Werte von n ignorieren, da n hier quadriert ist und das Quadrat einer negativen ganzen Zahle gleich dem Quadrat einer positiven ganzen Zahl ist, n kann folglich jede natürliche Zahl (einschliesslich 0) sein. Und da sich für jeden Wert von n eine andere Lösung für $T(t)$ ergibt und wir diese aulisten können, da n nur eine natürliche Zahl sein kann, nennen wir die n-te Lösung $T_n(t)$.

$$T_n(t) = e^{-\frac{n^2\pi^2\alpha}{L^2}t}$$

Multipliziert man $X_n(x)$ mit $T_n(t)$, so erhält man die n-te von einer unendlichen Reihe von speziellen Lösungen der Wärmeleitungsgleichung mit den gegebenen Anfangs- und Randbedingungen:

$$\boxed{u_n(x,t) = \cos\left(\frac{n\pi x}{L}\right) \cdot e^{-\frac{n^2\pi^2\alpha}{L^2}t}} \quad (n \in \mathbb{N}_0)$$

Diese Lösungen scheinen vielversprechend, denn im Vergleich zu denen, die wir in den ersten beiden Fällen von k gefunden haben, gibt es keine Anzeichen, dass man aus ihnen keine Lösung konstruieren kann, die auch die Anfangsbedingung erfüllt. Nun folgt ein entscheidender Schritt: Wir wenden das Superpositionsprinzip an, um die allgemeine Lösung der Wärmeleitungsgleichung zu erhalten:

$$u(x,t) = a_0 \cdot u_0(x,t) + a_1 \cdot u_1(x,t) + \ldots = \sum_{n=0}^{\infty} a_n \cdot u_n(x,t) = \sum_{n=0}^{\infty} a_n \cdot \cos\left(\frac{n\pi x}{L}\right) \cdot e^{-\frac{n^2\pi^2\alpha}{L^2}t}$$

$$u(x,t) = \sum_{n=0}^{\infty} a_n \cdot \cos\left(\frac{n\pi x}{L}\right) \cdot e^{-\frac{n^2\pi^2\alpha}{L^2}t} \tag{7}$$

Diese allgemeine Lösung ist eine Menge von Funktionen, doch nun wollen wir durch Festlegen spezifischer Werte der Konstanten die spezielle Lösung, also die Funktion erhalten, die sowohl die Randbedingungen, die bereits erfüllt sind, als auch die Anfangsbedingung erfüllt. Dazu setzen wir zuerst die allgemeine Lösung in die Anfangsbedingung ein:

$$u(x,0) = f_0(x) \quad \rightarrow \quad u(x,0) = \sum_{n=0}^{\infty} a_n \cdot \cos\left(\frac{n\pi x}{L}\right) \cdot e^{-\frac{n^2\pi^2\alpha}{L^2}\cdot 0} = \sum_{n=0}^{\infty} a_n \cdot \cos\left(\frac{n\pi x}{L}\right) \cdot e^0$$

$$= \sum_{n=0}^{\infty} a_n \cdot \cos\left(\frac{n\pi x}{L}\right) \cdot 1 = \sum_{n=0}^{\infty} a_n \cdot \cos\left(\frac{n\pi x}{L}\right)$$

$$\rightarrow \quad f_0(x) = \sum_{n=0}^{\infty} a_n \cdot \cos\left(\frac{n\pi x}{L}\right) \tag{8}$$

Hier könnte man bemerken, dass die rechte Seite der Gleichung wie die Kosinus-Reihenentwicklung für periodische Funktionen aussieht, die Fourier entwickelte, doch ich werde diese Thema hier nicht behandeln. Die Fourier-Reihen sind etwas, was Fourier entwickelte, während er die Wärmeleitungsgleichung löste und um diese zu lösen, wir werden jedoch ohne diese Reihen fortfahren, um uns auf einer einfacheren Ebene zu bewegen und weil Fourier, der die Wärmeleitungsgleichung als erster löste, dieses Hilfsmittel auch nicht zur Verfügung hatte [30].

Um die Werte der Konstanten zur ermitteln, müssen wir von folgender Gleichung Gebrauch machen, deren Richtigkeit wir im Anhang der Arbeit beweisen werden, da der Beweis aufgrund seiner Länge den Lesefluss stören würde [13][26]:

$$\int_0^L \cos\left(\frac{m\pi x}{L}\right) \cdot \cos\left(\frac{n\pi x}{L}\right) dx = \begin{cases} 0 & \text{wenn } m \neq n \\ \frac{L}{2} & \text{wenn } m = n \neq 0 \\ L & \text{wenn } m = n = 0 \end{cases} \quad m, n \in \mathbb{N}_0 \tag{9}$$

Wir multiplizieren Gleichung (8) auf beiden Seiten mit $\cos\left(\frac{m\pi x}{L}\right)$:

$$\rightarrow \quad f_0(x) \cdot \cos\left(\frac{m\pi x}{L}\right) = \cos\left(\frac{m\pi x}{L}\right) \cdot \sum_{n=0}^{\infty} a_n \cdot \cos\left(\frac{n\pi x}{L}\right)$$

$$\rightarrow \quad f_0(x) \cdot \cos\left(\frac{m\pi x}{L}\right) = \sum_{n=0}^{\infty} a_n \cdot \cos\left(\frac{m\pi x}{L}\right) \cdot \cos\left(\frac{n\pi x}{L}\right)$$

Nun integrieren wir auf beiden Seiten von 0 bis L:

$$\int_0^L f_0(x) \cdot \cos\left(\frac{m\pi x}{L}\right) dx = \int_0^L \sum_{n=0}^{\infty} a_n \cdot \cos\left(\frac{m\pi x}{L}\right) \cdot \cos\left(\frac{n\pi x}{L}\right) dx = \sum_{n=0}^{\infty} \int_0^L a_n \cdot \cos\left(\frac{m\pi x}{L}\right) \cdot \cos\left(\frac{n\pi x}{L}\right) dx$$

$$= \sum_{n=0}^{\infty} a_n \int_0^L \cos\left(\frac{m\pi x}{L}\right) \cdot \cos\left(\frac{n\pi x}{L}\right) dx$$

Wie wir sehen, ist jeder der unendlich vielen Summanden, die wir aufaddieren, das Produkt aus der n-ten Konstanten und dem Integral, das wir zuvor berechnet haben. Ist $m \neq n$ und folglich $n \neq m$ (die Gleichung umzukehren, hilft dem Verständnis), ist das Integral gleich 0 und der Summand ergibt folglich auch 0. Ist jedoch $m = n$ und somit auch $n = m$, so ist das Integral ungleich 0. Für ein beliebiges m ist also der einzige Summand, der ungleich 0 ist, derjenige, bei dem $n = m$ ist, also der m-te. Die unendliche Summe ist also für ein beliebiges m gleich dem m-ten Summanden, da alle anderen gleich 0 sind:

$$\int_0^L f_0(x) \cdot \cos\left(\frac{m\pi x}{L}\right) dx = a_m \cdot \int_0^L \cos\left(\frac{m\pi x}{L}\right) \cdot \cos\left(\frac{m\pi x}{L}\right) dx$$

$$\to \quad a_m = \frac{1}{\int_0^L \cos\left(\frac{m\pi x}{L}\right) \cdot \cos\left(\frac{m\pi x}{L}\right) dx} \cdot \int_0^L f_0(x) \cdot \cos\left(\frac{m\pi x}{L}\right) dx$$

Wie wir sehen, haben wir so einen Ausdruck für die m-te Konstante gefunden. Ist $m = 0$, so hat das Integral laut (9) den Wert L. Folglich gilt:

$$a_0 = \frac{1}{L} \int_0^L f_0(x) \cdot \cos\left(\frac{0 \cdot \pi x}{L}\right) dx = \frac{1}{L} \int_0^L f_0(x) \cdot \cos(0) dx = \frac{1}{L} \int_0^L f_0(x) dx$$

Ist $m \neq 0$, so hat das Integral laut (9) den Wert $\frac{L}{2}$. Folglich gilt:

$$a_m = \frac{1}{\frac{L}{2}} \int_0^L f_0(x) \cdot \cos\left(\frac{m\pi x}{L}\right) dx = \frac{2}{L} \int_0^L f_0(x) \cdot \cos\left(\frac{m\pi x}{L}\right) dx$$

Da diese beiden Gleichungen für alle Zahlen aus der Menge $\mathbb{N}_0$ gelten und auch n jede Zahl aus dieser Menge repräsentiert, können wir m auch wieder durch n ersetzen und erhalten so die Formeln für die Konstanten:

$$a_0 = \frac{1}{L} \int_0^L f_0(x) dx, \qquad a_n = \frac{2}{L} \int_0^L f_0(x) \cdot \cos\left(\frac{n\pi x}{L}\right) dx, \ n \geq 1$$

Nun formen wir noch der Ästhetik halber die allgemeine Lösung, Gleichung (7), um, indem wir den ersten Term der unendlichen Summe vom Rest trennen:

$$u(x,t) = \sum_{n=0}^{\infty} a_n \cdot \cos\left(\frac{n\pi x}{L}\right) \cdot e^{-\frac{n^2\pi^2\alpha}{L^2}t} = a_0 \cdot \cos\left(\frac{0 \cdot \pi x}{L}\right) \cdot e^{-\frac{0^2 \cdot \pi^2\alpha}{L^2}t} + \sum_{n=1}^{\infty} a_n \cdot \cos\left(\frac{n\pi x}{L}\right) \cdot e^{-\frac{n^2\pi^2\alpha}{L^2}t}$$

$$= a_0 \cdot \cos(0) \cdot e^0 + \sum_{n=1}^{\infty} a_n \cdot \cos\left(\frac{n\pi x}{L}\right) \cdot e^{-\frac{n^2\pi^2\alpha}{L^2}t} = a_0 \cdot 1 \cdot 1 + \sum_{n=1}^{\infty} a_n \cdot \cos\left(\frac{n\pi x}{L}\right) \cdot e^{-\frac{n^2\pi^2\alpha}{L^2}t}$$

$$= a_0 + \sum_{n=1}^{\infty} a_n \cdot \cos\left(\frac{n\pi x}{L}\right) \cdot e^{-\frac{n^2\pi^2\alpha}{L^2}t}$$

Zuletzt fügen wir noch die Formeln für die Konstante zur allgemeinen Lösung hinzu (Einsetzen würde zu einem unübersichtlichen Ausdruck führen). Da wir für die Konstanten nun spezifische Werte gewählt haben, erhalten wir eine spezielle Lösung der Wärmeleitungsgleichung, die Anfangs- und Randbedingungen erfüllt. Somit haben wir die Wärmeleitungsgleichung mit den gegebenen Bedingungen endlich gelöst:

$$u(x,t) = a_0 + \sum_{n=1}^{\infty} a_n \cdot \cos\left(\frac{n\pi x}{L}\right) \cdot e^{-\frac{n^2\pi^2\alpha}{L^2}t}$$

$$a_0 = \frac{1}{L}\int_0^L f_0(x)dx \,, \qquad a_n = \frac{2}{L}\int_0^L f_0(x)\cdot\cos\left(\frac{n\pi x}{L}\right)dx, \ n \geq 1$$

4.4 Bedeutung der Lösung und Zusammenfassung des Lösungsprozesses

Wir haben gerade eine spezielle Lösung erhalten, die die Wärmeleitungsgleichung und die Anfangs- und Randbedingungen erfüllt, indem wir bei der allgemeinen Lösungen spezifische Werte für die Konstanten ermittelt haben. So haben wir aus einer Menge von Funktionen eine spezifische Funktion ausgewählt, die wir gesucht haben. Da wir eben nur eine Funktion gefunden haben, wissen wir auch, dass es keine andere Funktion gibt, die all dies erfüllt, denn sonst hätten wir nicht nur eine spezifische Funktion gefunden. Wie wir sehen, hat uns die Methode des Separationsansatzes erfolgreich zu unserem Ziel geführt. Zwar ist die endgültige Lösung, die wir ermittelt haben, nicht von der angenommenen Produktform, jedoch sind es die unendlich vielen speziellen Lösungen, die die Randbedingungen erfüllen und die wir aufsummiert haben. Es hätte sein können, das wir gar keine Lösungen finden, die die Produktform besitzen, doch bei der Wärmeleitungsgleichung mit den angegebenen Bedingungen hat dies funktioniert.

Auf der nächsten Seite folgt eine Zusammenfassung des Lösungsprozesses. Ich werde dazu die wichtigsten Schritte beim Ermitteln der Lösung auflisten und die wichtigsten Gleichungen nochmals rechts davon aufführen.

Zusammenfassung des Lösungsprozesses:

1: Separationsansatz:

Annahme der Produktform von speziellen Lösungen

$$u_p(x,t) = X(x)T(t)$$

2: Einsetzen der Produktform in die Wärmeleitungsgleichung

$$\frac{X''(x)}{X(x)} = \frac{T'(t)}{\alpha T(t)}$$

3: Einführung der Separationskonstanten k

$$\frac{X''(x)}{X(x)} = \frac{T'(t)}{\alpha T(t)} = k$$

4: Zerlegung der PDG in zwei GDGen

$$X''(x) - kX(x) = 0, \qquad T'(t) - \alpha kT(t) = 0$$

5: Fallunterscheidung bei der Separationskonstanten k: 3 Fälle

$$1 : k = \mu^2 > 0 \qquad 2 : k = 0 \qquad 3 : k = -\mu^2 < 0$$

6: Lösung der GDGen für alle 3 Fälle von k:

Ermitteln der Lösungen der GDG für $X(x)$ und $T(t)$
Auswählen derjenigen speziellen Lösungen, die die Randbedingungen erfüllen

7: Erkennen, dass nur im 3ten Fall brauchbare spezielle Lösungen existieren

$$u_n(x,t) = \cos\left(\frac{n\pi x}{L}\right) \cdot e^{-\frac{n^2\pi^2\alpha}{L^2}t} \qquad (n \in \mathbb{N}_0)$$

8: Konstruktion einer allgemeinen Lösung aus den erhaltenen speziellen Lösungen

$$u(x,t) = \sum_{n=0}^{\infty} a_n \cdot \cos\left(\frac{n\pi x}{L}\right) \cdot e^{-\frac{n^2\pi^2\alpha}{L^2}t}$$

9: Einsetzen der allgemeinen Lösung in die Anfangsbedingung und Bestimmung der Konstanten zur Bildung einer speziellen Lösung, die nebst den Randbedingungen auch die Anfangsbedingung erfüllt (Endresultat)

$$u(x,t) = a_0 + \sum_{n=1}^{\infty} a_n \cdot \cos\left(\frac{n\pi x}{L}\right) \cdot e^{-\frac{n^2\pi^2\alpha}{L^2}t}$$

$$a_0 = \frac{1}{L}\int_0^L f_0(x)dx\,, \qquad a_n = \frac{2}{L}\int_0^L f_0(x)\cdot\cos\left(\frac{n\pi x}{L}\right)dx,\ n\geq 1$$

Bibliographie

[1] https://www.chemie.de/lexikon/Thermische_Energie.html (3.1.2021, 23:05)

[2] https://escholarship.org/content/qt7zg8j368/qt7zg8j368_noSplash_d47e37ab6a5769426d65d44d7a9695bf.pdf?t=p2atro (3.1.2021, 23:05)

[3] https://flexikon.doccheck.com/de/Energieerhaltungssatz (3.1.2021, 23:05)

[4] https://www.frustfrei-lernen.de/thermodynamik/waermeenergie.html (3.1.2021, 23:05)

[5] https://link.springer.com/chapter/10.1007/978-3-540-33471-2_1 (3.1.2021, 23:05)

[6] https://mathepedia.de/Partielle_Ableitungen.html (3.1.2021, 23:05)

[7] https://www2.math.ethz.ch/education/bachelor/lectures/hs2015/other/analysis3_itet/Alalysis3ITET2014.pdf (3.1.2021, 23:05)

[8] http://math24.net/second-order-linear-homogeneous-differential-equations-constant-coefficients.html (3.1.2021, 23:05)

[9] http://www.maths.gla.ac.uk/~cc/2x/2005_2xnotes/2x_chap5.pdf (3.1.2021, 23:05)

[10] https://math.stackexchange.com/questions/3617868/intuitive-meaning-of-neumann-boundary-condition (3.1.2021, 23:05)

[11] https://www.math.tugraz.at/~ganster/lv_analysis_2/17_lineare_dgl_hoeherer_ordnung.pdf (3.1.2021, 23:05)

[12] http://www.math.wsu.edu/faculty/genz/273/lessons/l1103.pdf (3.1.2021, 23:05)

[13] https://ocw.mit.edu/courses/mathematics/18-303-linear-partial-differential-equations-fall-2006/lecture-notes/heateqni.pdf (3.1.2021, 23:05)

[14] https://www.onlinemathe.de/forum/Bestimmung-von-Integrationsfaktoren-DGL (3.1.2021, 23:05)

[15] http://ramanujan.math.trinity.edu/rdaileda/teach/s12/m3357/lectures/lecture_2_28_short.pdf (3.1.2021, 23:05)

[16] http://ramanujan.math.trinity.edu/rdaileda/teach/s14/m3357/lectures/lecture_1_30_slides.pdf (3.1.2021, 23:05)

[17] https://www.spektrum.de/lexikon/mathematik/anfangswertproblem-fuer-eine-partielle-differentialgleichung/155 (3.1.2021, 23:05)

[18] https://statmath.wu.ac.at/~leydold/MOK/HTML/node121.html (3.1.2021, 23:05)

[19] https://statmath.wu.ac.at/~leydold/MOK/HTML/node72.html (3.1.2021, 23:05)

[20] https://www.stewartcalculus.com/data/CALCULUS%20Concepts%20and%20Contexts/upfiles/3c3-2ndOrderLinear Eqns_Stu.pdf (3.1.2021, 23:05)

[21] https://www.studyhelp.de/online-lernen/mathe/differentialgleichung/ (3.1.2021, 23:05)

[22] https://www.tec-science.com/de/thermodynamik-waermelehre/waerme/warmeleitungsgleichung-diffusionsgleichung/ (3.1.2021, 23:05)

[23] https://www.tec-science.com/de/thermodynamik-waermelehre/waerme/warmeleitfahigkeit-fouriersches-gesetz/ #Fouriersches_Gesetz (3.1.2021, 23:05)

[24] https://tutorial.math.lamar.edu/classes/de/introsecondorder.aspx (3.1.2021, 23:05)

[25] https://tutorial.math.lamar.edu/classes/de/linear.aspx (3.1.2021, 23:05)

[26] https://tutorial.math.lamar.edu/classes/de/PeriodicOrthogonal.aspx (3.1.2021, 23:05)

[27] https://tutorial.math.lamar.edu/classes/de/SeparationofVariables.aspx (3.1.2021, 23:05)

[28] https://de.wikipedia.org/wiki/Differentialgleichung (3.1.2021, 23:05)

[29] https://de.wikipedia.org/wiki/Fundamentalsatz_der_Analysis#Erster_Teil (3.1.2021, 23:05)

[30] https://en.wikipedia.org/wiki/Heat_equation#Solving_the_heat_equation_using_Fourier_series (3.1.2021, 23:05)

[31] https://de.wikipedia.org/wiki/Partielle_Ableitung#Definition (3.1.2021, 23:05)

[32] https://de.wikipedia.org/wiki/Partielle_Differentialgleichung (3.1.2021, 23:05)

[33] https://de.wikipedia.org/wiki/Randbedingung#Randbedingungen_und_Differentialgleichungen (3.1.2021, 23:05)

[34] https://de.wikipedia.org/wiki/Superposition_(Mathematik) (3.1.2021, 23:05)

[35] https://de.wikipedia.org/wiki/Wärmeleitungsgleichung#Allgemeine_Lösungsformel (3.1.2021, 23:05)

[36] https://www.youtube.com/watch?v=K-CI61wV6JQ (3.1.2021, 23:05)

[37] https://www.youtube.com/watch?v=r6sGWTCMz2k (3.1.2021, 23:05)

[38] https://www.youtube.com/watch?v=ToIXSwZ1pJU (3.1.2021, 23:05)

Anhang

Im Anhang werde ich nun die Richtigkeit der Gleichung (9) des Kapitels 4, die den Wert eines bestimmten Integrals angibt, beweisen. Der Beweis besteht lediglich aus dem Ermitteln des Wertes des Integrals in der benutzten Formel für alle drei Fälle von m und n:

$$\int_0^L \cos\left(\frac{m\pi x}{L}\right) \cdot \cos\left(\frac{n\pi x}{L}\right) dx = \begin{cases} 0 & \text{wenn } m \neq n \\ \frac{L}{2} & \text{wenn } m = n \neq 0 \\ L & \text{wenn } m = n = 0 \end{cases} \qquad m, n \in \mathbb{N}_0$$

$\underline{m = n = 0:}$

Am einfachsten zu berechnen ist das Integral für $m = n = 0$, denn dann lautet es:

$$\int_0^L \cos(0) \cdot \cos(0) \, dx = \int_0^L 1 \, dx = [x]_0^L = L - 0 = L$$

$\underline{m = n \neq 0:}$

Im Falle von $m = n \neq 0$ ist das Integral etwas schwieriger zu berechnen:

$$\int_0^L \cos\left(\frac{m\pi x}{L}\right) \cdot \cos\left(\frac{n\pi x}{L}\right) dx = \int_0^L \cos\left(\frac{n\pi x}{L}\right) \cdot \cos\left(\frac{n\pi x}{L}\right) dx = \int_0^L \cos^2\left(\frac{n\pi x}{L}\right) dx$$

$$= \frac{1}{2}\int_0^L 2 \cdot \cos^2\left(\frac{n\pi x}{L}\right) dx = \frac{1}{2}\int_0^L \cos^2\left(\frac{n\pi x}{L}\right) + \cos^2\left(\frac{n\pi x}{L}\right) dx$$

Hier können wir von einer allgemein bekannten trigonometrischen Beziehung zwischen der Sinus- und der Kosinusfunktion Gebrauch machen, die folgendermassen lautet:

$$\sin^2(x) + \cos^2(x) = 1 \quad \rightarrow \quad \cos^2(x) = 1 - \sin^2(x)$$

Daher gilt auch:

$$\cos^2(\frac{n\pi x}{L}) = 1 - \sin^2(\frac{n\pi x}{L})$$

Wir können nun einer der beiden $\cos^2(\frac{n\pi x}{L})$ -Terme durch diese Differenz ersetzen:

$$\frac{1}{2}\int_0^L 1 - \sin^2\left(\frac{n\pi x}{L}\right) + \cos^2\left(\frac{n\pi x}{L}\right) dx = \frac{1}{2}\int_0^L 1 + \cos^2\left(\frac{n\pi x}{L}\right) - \sin^2\left(\frac{n\pi x}{L}\right) dx$$

Nun machen wir noch von einer weiteren trigonometrischen Identität Gebrauch, nämlich folgender:

$$\cos(2x) = \cos^2(x) - \sin^2(x) \quad \rightarrow \quad \cos\left(\frac{2n\pi x}{L}\right) = \cos^2\left(\frac{n\pi x}{L}\right) - \sin^2\left(\frac{n\pi x}{L}\right)$$

Das Ersetzen von x durch $\frac{n\pi x}{L}$ wird auf die gleiche Weise gerechtfertigt, wie wir es bei der ersten trigonometrischen Beziehung gemacht haben. Einsetzen des neu gefunden Ausdrucks in das Integral ergibt:

$$\frac{1}{2}\int_0^L 1 + \cos\left(\frac{2n\pi x}{L}\right) dx = \frac{1}{2}\left[x + \frac{1}{\frac{2n\pi}{L}}\sin\left(\frac{2n\pi x}{L}\right)\right]_0^L = \frac{1}{2}\left[x + \frac{L}{2n\pi}\sin\left(\frac{2n\pi x}{L}\right)\right]_0^L$$

$$= \frac{1}{2}\left(L + \frac{L}{2n\pi}\sin\left(\frac{2n\pi L}{L}\right) - \left(0 + \frac{L}{2n\pi}\cdot\sin(0)\right)\right) = \frac{1}{2}\left(L + \frac{L}{2n\pi}\sin(2n\pi)\right)$$

Hier bemerken wir, dass $2n\pi$ ein Vielfaches von π ist und der Sinus eines Vielfachen von π immer gleich 0 ist. Folglich gilt:

$$\frac{1}{2}\left(L + \frac{L}{2n\pi}\cdot 0\right) = \frac{L}{2}$$

$\underline{m \neq n:}$

In diesem Falle ist das Lösen etwa gleich schwierig wie beim letzten Fall. Wieder benutzen wir eine trigonometrische Identität:

$$\cos(\alpha)\cos(\beta) = \frac{1}{2}\cos(\alpha - \beta) + \cos(\alpha + \beta)$$

Wenn wir $\alpha = \frac{m\pi x}{L}$ und $\beta = \frac{n\pi x}{L}$ setzen, dann gilt folglich:

$$\cos\left(\frac{m\pi x}{L}\right)\cos\left(\frac{n\pi x}{L}\right) = \frac{1}{2}\cos\left(\frac{m\pi x}{L} - \frac{n\pi x}{L}\right) + \cos\left(\frac{m\pi x}{L} + \frac{n\pi x}{L}\right)$$

$$\rightarrow \quad \cos\left(\frac{m\pi x}{L}\right)\cos\left(\frac{n\pi x}{L}\right) = \frac{1}{2}\cos\left(\frac{(m-n)\pi x}{L}\right) + \cos\left(\frac{(m+n)\pi x}{L}\right)$$

Einsetzen in das Integral liefert:

$$\int_0^L \cos\left(\frac{m\pi x}{L}\right) + \cos\left(\frac{n\pi x}{L}\right) dx = \int_0^L \frac{1}{2}\cos\left(\frac{(m-n)\pi x}{L}\right) + \cos\left(\frac{(m+n)\pi x}{L}\right) dx$$

$$= \frac{1}{2}\int_0^L \cos\left(\frac{(m-n)\pi x}{L}\right) + \cos\left(\frac{(m+n)\pi x}{L}\right) dx = \frac{1}{2}\left[\frac{1}{\frac{(m-n)\pi x}{L}}\sin\left(\frac{(m-n)\pi x}{L}\right) + \frac{1}{\frac{(m+n)\pi x}{L}}\sin\left(\frac{(m+n)\pi x}{L}\right)\right]_0^L$$

$$= \frac{1}{2}\left[\frac{L}{(m-n)\pi x}\sin\left(\frac{(m-n)\pi x}{L}\right) + \frac{L}{(m+n)\pi x}\sin\left(\frac{(m+n)\pi x}{L}\right)\right]_0^L$$

$$= \frac{1}{2}\Big(\frac{L}{(m-n)\pi}\sin\Big(\frac{(m-n)\pi L}{L}\Big) + \frac{L}{(m+n)\pi}\sin\Big(\frac{(m+n)\pi L}{L}\Big)$$

$$-\Big(\frac{L}{(m-n)\pi}\sin\Big(\frac{(m-n)\pi \cdot 0}{L}\Big) + \frac{L}{(m+n)\pi}\sin\Big(\frac{(m+n)\pi \cdot 0}{L}\Big)\Big)\Big)$$

$$= \frac{1}{2}\Big(\frac{L}{(m-n)\pi}\sin\left((m-n)\pi\right) + \frac{L}{(m+n)\pi}\sin\left((m+n)\pi\right) - \Big(\frac{L}{(m-n)\pi}\sin\left(0\right) + \frac{L}{(m+n)\pi}\sin\left(0\right)\Big)\Big)$$

$$= \frac{1}{2}\Big(\frac{L}{(m-n)\pi}\sin\left((m-n)\pi\right) + \frac{L}{(m+n)\pi}\sin\left((m+n)\pi\right) - \Big(\frac{L}{(m-n)\pi} + \frac{L}{(m+n)\pi} \cdot 0\Big)\Big)$$

$$\frac{1}{2}\Big(\frac{L}{(m-n)\pi}\sin\left((m-n)\pi\right) + \frac{L}{(m+n)\pi}\sin\left((m+n)\pi\right) - (0)\Big)$$

$$= \frac{1}{2}\Big(\frac{L}{(m-n)\pi}\sin\left((m-n)\pi\right) + \frac{L}{(m+n)\pi}\sin\left((m+n)\pi\right)\Big)$$

Hier bemerken wir, dass die Argumente der beiden Sinus-Funktionen, $m-n$ und $m+n$, auch Zahlen der Menge $\mathbb{N}_0$ sind, da m und n Zahlen dieser Menge sind. Folglich sind $(m-n)\pi$ und $(m+n)\pi$ Vielfache von π und der Sinus von Vielfachen von π ist 0. Daher ist der Wert des Integrals:

$$\frac{1}{2}\Big(\frac{L}{(m-n)\pi} \cdot 0 + \frac{L}{(m+n)\pi} \cdot 0\Big) = \frac{1}{2}(0+0) = \frac{1}{2} \cdot 0 = 0$$

∎